AF586537

DESCRIPTION

D'APPAREILS CHRONOMÉTRIQUES

ET

D'APPAREILS DYNAMOMÉTRIQUES.

DESCRIPTION

DES

APPAREILS CHRONOMÉTRIQUES

A STYLE,

PROPRES A LA REPRÉSENTATION GRAPHIQUE ET A LA DÉTERMINATION
DES LOIS DU MOUVEMENT,

ET DES

APPAREILS DYNAMOMÉTRIQUES

PROPRES A MESURER L'EFFORT OU LE TRAVAIL DÉVELOPPÉ PAR LES MOTEURS ANIMÉS
OU INANIMÉS ET PAR LES ORGANES DE TRANSMISSION DU MOUVEMENT
DANS LES MACHINES,

PAR

ARTHUR MORIN,

Capitaine d'Artillerie, professeur de Mécanique appliquée à l'école d'Application
de l'Artillerie et du Génie.

METZ.

S. LAMORT, IMPRIMEUR DE L'ACADÉMIE ROYALE.

1838.

DESCRIPTION

DES

APPAREILS CHRONOMÉTRIQUES A STYLE

PROPRES A LA REPRÉSENTATION GRAPHIQUE ET A LA DÉTERMINATION DES LOIS DU MOUVEMENT DANS DIVERS GENRES D'EXPÉRIENCES.

Extrait des Mémoires du Congrès scientifique de France ; cinquième session, tenue à Metz en septembre 1837.

1. *But et utilité de ces appareils.* Les principes de la mécanique et les ressources de l'analyse permettent, en général, de déterminer la loi du mouvement que prend un corps, sous l'action de forces dont l'intensité est connue, pour chaque position du mobile, ou pour chaque instant, et réciproquement de déduire l'expression de la loi d'une force, lorsque l'on connaît celle du mouvement ; et, comme dans l'étude des lois naturelles, on ne peut remonter aux causes que par l'observation des effets, il peut être fort utile, dans beaucoup de recherches, d'avoir un moyen précis de déterminer à priori, par l'observation, les lois du mouvement des corps soumis à l'action des forces dont on veut obtenir la loi.

Ce mode d'investigation a été depuis long-temps mis en usage par les physiciens, Atwood, à l'aide de la machine qui porte son nom, a cherché à établir la loi de la chute des graves, pour rendre sensible celle de la pesanteur ; Huyghens par l'observation de la durée des oscillations du pendule est parvenu au même but ; la société pour le perfectionnement de la navigation établie en Angleterre, et dont le colonel Beaufoy a été le rapporteur, a aussi employé le pendule à l'observation de la loi du mouvement des corps flottans ou immergés dans l'eau, sous l'action d'un effort constant ; plus tard, M. Eytelwein, dans ses belles expériences sur le bélier hydraulique, à l'aide d'un appareil assez simple, a observé le mouvement des soupapes de cette ingénieuse machine.

Mais jusqu'à ces dernières années, tous les moyens employés n'avaient conduit qu'à des résultats imparfaits ou à la détermination des espaces parcourus à certains instans, ou après des intervalles déterminés. De sorte que, si l'on représentait la loi du mouvement cherché par une courbe, dont les espaces parcourus fussent les abscisses, et les ordonnées les temps écoulés, on n'obtenait qu'un certain nombre de points de cette courbe et presque jamais assez de continuité dans son tracé pour pouvoir étudier des lois un peu compliquées. Pour remédier à cet inconvénient, M. Poncelet eut l'idée de combiner d'une manière plus continue le mouvement uniforme d'un style ou d'un plateau avec celui dont on voulait observer la loi, et c'est cette pensée ingénieuse que nous avons réalisée sous diverses formes et par des moyens qui nous sont propres.

De nombreux essais ont fait faire à ces instrumens d'assez grands pas vers la perfection qu'on peut désirer, pour que leur description détaillée puisse être utile au progrès des sciences physiques, et l'on se propose ici de donner sur leur disposition et leur emploi tous les renseignemens nécessaires.

2. *Rappel du premier appareil construit en* 1831. On connaît déjà l'appareil chronométrique à style que nous avons employé de 1831 à 1834 pour les expériences sur le frottement *, ainsi que celui qui a été mis en usage pour les recherches sur les lois de la transmission du mouvement par le choc et sur la pénétration des projectiles tombant de petites hauteurs, dans la terre argileuse et dans le sable. Ils sont décrits en détail dans le recueil des savans étrangers publié par l'académie des sciences ; mais il ne sera pas inutile de faire quelques remarques sur le premier de ces appareils.

Il consiste en un mouvement d'horlogerie, mu par un ressort et régularisé par un volant à ailettes ; le style est un pinceau que l'on imbibe d'encre de Chine ; sa marche est assez régulière et son mouvement dans une même révolution est assez exactement uniforme, pour que les courbes qu'il trace soient parfaitement continues et sans aucune apparence d'ondulation périodique, mais d'une part l'action nécessairement variable du ressort et de l'autre la nécessité de faire tracer au style un cercle

* Nouvelles expériences sur le frottement faites à Metz en 1831, 1832, 1833, imprimées par ordre de l'Académie des sciences ; chez Bachelier, libraire à Paris.

de départ avant l'expérience, pour pouvoir observer la vitesse de l'instrument, l'empêchent d'être assez précis pour certaines recherches.

On observera, en effet, que, dans les expériences sur le frottement, la résistance s'étant trouvée indépendante de la vitesse, et la loi du mouvement observée étant celle d'un mouvement uniformément accéléré représentée par une courbe, qui, transformée en une autre à ordonnées rectangulaires, était une parabole, une petite variation dans la vitesse du mouvement ne pouvait exercer qu'une faible influence sur les résultats; mais il n'en serait pas du tout de même dans l'observation des lois de mouvement où la vitesse jouerait un rôle important, car dans tous les cas pareils les résistances variant comme une fonction de la vitesse, de petites différences dans celle du style pourraient conduire à des erreurs très-graves. C'est ce que l'on reconnut en 1833, lorsqu'on voulut employer cet instrument à la détermination de la loi du mouvement de descente des corps sphériques dans l'eau. Le relèvement des courbes marquait bien que le mouvement devenait promptement uniforme, mais les petites variations de la vitesse du style en introduisaient d'autres dans l'estimation de celle des corps, et l'on dut ajourner à d'autres temps les expériences que l'on avait commencées à ce sujet.

Les inconvéniens les plus graves de cet appareil sont : 1° Que la viscosité de l'encre contenue dans le pinceau, oppose au mouvement une résistance, qui a une influence notable sur la vitesse, et qui varie avec l'état de fluidité de cette encre et avec son abondance; 2° qu'il est indispensable de faire tracer au style un cercle de départ, avant de commencer l'expérience, pour pouvoir déterminer par l'observation sa vitesse de régime pendant chaque expérience, et que, par suite, il est difficile et à peu près impossible dans certains cas, de retrouver l'origine de la courbe du mouvement.

Tous ces inconvéniens seraient encore bien plus graves, si par la nature même du mouvement à étudier, il n'était pas possible d'employer pour style un pinceau, et que la résistance dût être plus grande.

3. *Conditions que l'on s'est imposées pour l'exécution des nouveaux instrumens.* De ces observations, il faut donc conclure que l'emploi des ressorts comme puissance motrice des chronomètres à style n'est pas avantageux, et qu'il faut recourir à l'usage des poids en régularisant leur mouvement de descente par un volant à ailettes. Mais ce perfectionnement n'est pas le seul à introduire, et dans l'exécution des nouveaux appareils que nous avons fait établir, nous nous sommes proposés de satisfaire aux conditions suivantes :

1° Que le moteur exerce un effort constant ;

2° Que la résistance du style ne puisse dans aucun cas avoir une influence sensible sur la loi du mouvement ;

3° Que l'origine du mouvement soit exactement indiquée sur la courbe ;

4° Que la vitesse de régime de l'appareil puisse varier selon la rapidité du mouvement à étudier ;

5° Que dans certains cas l'appareil soit transportable et n'occupe qu'une petite hauteur ;

6° Que le mouvement uniforme dure assez long-temps pour qu'il soit possible d'en observer à plusieurs reprises la vitesse avec une exactitude suffisante.

Nous pensons avoir rempli ces conditions dans les deux appareils que nous allons décrire. Le premier, destiné à l'observation des lois de mouvement où la vitesse n'excède pas 20 à 25 mètres en une seconde, s'établit dans un lieu où l'on peut disposer d'une hauteur de 12 à 15^{m} pour la descente du poids moteur. Le second, particulièrement construit pour observer les lois des mouvemens très-rapides, peut aussi fonctionner à de petites vitesses, et n'ayant que 4 mètres environ de hauteur, il a de plus l'avantage d'être portatif et de pouvoir se placer dans une chambre de hauteur ordinaire.

4. *Appareil chronométrique à style pour l'observation des mouvemens à petites vitesses.* L'appareil est monté sur un bâtis en charpente MNPQ, (fig. 1 et 2), et se compose de trois parties principales. La 1re est le treuil *aa*, de $0^{m},10$ de diamètre sur $0^{m},231$ de longueur au corps ; sur ce treuil s'enroule un fil de soie de $0^{m},0015$ de diamètre, auquel est suspendu le poids moteur. Pour augmenter la durée de la descente de ce poids, on peut le suspendre à une poulie mobile et attacher l'extrémité du fil de soie au châssis. A cet effet, une tringle horizontale *bb* est fixée vers le sommet des montans du châssis et sert de guide à une petite poulie à gorge C, de $0^{m},05$ de diamètre, portant une chappe à anneau, à laquelle s'attache le fil. Par ce moyen, les deux brins, qui passent sur la gorge de la poulie mobile D, sont toujours à très-peu près parallèles, parce qu'une légère obliquité dans leur direction fait rouler la poulie C sur son guide.

Une poulie en fonte EE, de $0^{m},423$ de diamètre extérieur, est montée sur l'axe du treuil et tourne avec lui. Ce treuil est posé sur un petit bâtis en bois indépendant, de sorte que cette pièce peut se placer dans telle position que les localités ou les expériences l'exigent.

La seconde pièce de l'appareil est le volant à ailettes, porté aussi sur un bâtis particulier et monté sur un axe en fer. Ce volant a quatre bras taillés en biseau et méplats, à l'extrémité de chacun desquels est une ailette plane G de 0^{mq},01 de surface. Aux deux bouts de l'arbre et en dehors du bâtis sont deux poulies en fonte H et I de 0^{m},11 de diamètre. La première est embrassée par une courroie en cuir, qui entoure aussi la poulie EE et qui transmet ainsi au volant le mouvement du treuil. D'après le rapport des diamètres des poulies EE et HH, l'arbre du volant fait 3,85 tours pour un tour du treuil. La distance du milieu des ailettes G à l'axe de rotation étant de 0^{m},299, il s'ensuit que, quand l'axe du volant fait deux tours par seconde, la vitesse de ce centre d'impulsion est de 3^{m},75 par seconde, et que la résistance de l'air régularise promptement le mouvement de ces axes. On voit que si l'on voulait obtenir plus tôt le mouvement uniforme à cette vitesse ou à une vitesse moindre il suffirait d'augmenter la surface des ailettes.

La poulie I, qui a aussi 0^{m},11 de diamètre, transmet le mouvement à la troisième pièce par une courroie, qui l'entoure, ainsi que la poulie K de même diamètre. Celle-ci est fixée à l'extrémité d'un arbre qui porte à l'autre bout une embase tronconique, perpendiculaire à l'axe de rotation, parfaitement plane contre laquelle se fixe un plateau MM, destiné à conserver la trace du style et qui, recevant son mouvement du volant à ailettes, dont la vitesse est uniforme, est nécessairement aussi animé d'un mouvement pareil.

Tel est l'ensemble de l'appareil chronométrique en lui-même, et par cette description on voit, qu'au lieu de porter le style, il reçoit le plateau sur lequel doit être tracée la loi du mouvement à observer. De cette disposition il résulte un avantage notable, c'est que tous les axes ayant été exactement centrés, de façon que leurs centres de gravité se trouvent précisément sur l'axe de figure, et tout étant symétrique autour des trois axes de rotation, ce mouvement devient nécessairement uniforme, et que par suite de la masse du plateau en cuivre l'influence de la résistance du style est tout-à-fait négligeable. Dès-lors il n'est pas nécessaire que ce style touche le plateau avant le commencement de l'expérience, et il devient facile, comme on le verra tout-à-l'heure, d'obtenir l'origine de la courbe. Mais avant d'indiquer comment on y parvient, disons un mot de diverses dispositions assez simples, ayant pour objet de servir à rendre le plan du plateau exactement parallèle à celui du cercle que le style doit décrire, ce qui est indispensable. A cet effet, l'arbre du plateau est monté sur un support à fourche MNPQ, dont les branches MN, écartées de $0^{m},066$ intérieurement, reçoivent des tourillons, et dont les pattes P, Q, reposent sur une platine R. La patte Q est percée d'un trou cylindrique traversé par une vis avec écrou à oreilles pour la serrer ; la patte P est percée d'un trou allongé concentriquement au précédent, et traversé aussi par une vis avec écrou à oreilles, de sorte que la fourche MNPQ peut prendre autour du boulon Q un mouvement de rotation, qui permet de rendre le diamètre horizontal du plateau parallèle au plan du style. Ce mouvement de rotation lui est communiqué à l'aide d'une vis sans fin engrenant dans un petit arc de cercle denté, placé à l'extrémité de la patte P.

Lorsque l'on a réglé convenablement la direction du diamètre horizontal, on serre les deux écrous à oreilles P et Q, et la fourche MNPQ devient solidaire avec la platine RR.

Cette platine repose elle-même sur une autre plaque SS, qui, au moyen de deux tourillons TT, peut tourner et prendre diverses inclinaisons avec l'horizon, une lame de ressort interposée entre le bâtis et la surface inférieure de la plaque SS, tend toujours à l'en éloigner et des vis UU, en s'opposant à ce mouvement, servent à régler la position de la plaque, de façon que le diamètre vertical du plateau MM soit aussi parallèle au plan du cercle décrit par le style. A l'aide de ces mouvemens, il est donc facile de régler le parallélisme de ces deux plans.

Enfin la platine RR glisse à coulisse sur la plaque SS, à l'aide d'une vis X avec écrou à manivelle Y, ce qui permet de rapprocher ou d'éloigner à volonté le plateau de la pointe du style.

Tous ces mouvemens, dont l'amplitude est très-petite, ne font pas varier la longueur, et par suite la tension de la courroie, de quantités capables d'exercer de l'influence sur le mouvement. On remarquera d'ailleurs que les deux premiers servent à régler une fois pour toutes le parallélisme, et que le dernier, qui est perpendiculaire au plan de la courroie, ne peut produire aucune variation notable sur sa longueur.

La troisième pièce que nous venons de décrire, est aussi fixée sur un bâtis particulier, de sorte que, selon les besoins des expériences, les trois parties de l'appareil peuvent être placées à telle distance que l'on voudra, en réglant convenablement la longueur des courroies. Lorsqu'elles sont montées sur le support MNPQ, elles peuvent aussi être écartées à volonté l'une de l'autre, par la liberté qu'ont les deux premières de glisser dans les coulisses pratiquées dans la longueur des chapeaux MN, ce qui permet de tendre les courroies.

Tel est l'ensemble de l'appareil chronométrique que l'on a employé en 1835 et 1836, pour les expériences sur la résistance de l'air.

D'après ce que nous en avons dit, il satisfait à la première condition que nous avons posée, d'être mu par un effort constant, ainsi qu'à la seconde, puisque la masse et la vitesse du plateau, qui est animé du mouvement uniforme, sont assez considérables pour que la résistance éprouvée par le style, qui est un pinceau, ne puisse exercer sur le mouvement aucune influence sensible, ainsi qu'on s'en est assuré par des observations directes.

5. *On peut obtenir des mouvemens uniformes à diverses vitesses.* La vitesse uniforme du plateau peut à volonté varier entre des limites très-étendues, soit en changeant le poids moteur, soit en remplaçant la poulie I de l'arbre du volant par une autre de $0^{m},423$ de diamètre, de sorte qu'alors l'arbre du plateau MM fait 3,85 pour un tour de l'arbre du volant ou 14,85 tours pour un tour du treuil. Mais comme le mouvement se régularise d'autant plus tôt que le mouvement du volant est plus rapide, il convient mieux, en général, d'augmenter le poids moteur jusqu'à certaines limites, que de remplacer la poulie I par une plus grande, dont l'inertie tend au contraire à retarder l'instant où le mouvement atteint l'uniformité. Ce n'est que dans le cas où l'on aurait besoin de faire marcher le plateau à des vitesses de huit à dix tours par seconde, qu'il faudrait recourir à ce moyen, et alors il faudrait se servir d'une poulie I de $0^{m},20$ à $0^{m},25$ seulement de diamètre, afin d'employer simultanément les deux moyens d'accélération du mouvement du plateau.

Dans les expériences faites en 1835 et 1836, sur la résistance de l'air, il a suffi que le plateau eût une vitesse uniforme d'environ deux tours par seconde, pour obtenir le degré de précision nécessaire, et alors le poids moteur était de $5^{kil},193$, y compris celui de la poulie mobile.

A cette vitesse le poids descendait de $0^{m},0816$ environ par seconde, ou mettait $12'',25$ à parcourir un mètre, quand ce mouvement était uniforme, et comme l'observation a montré que cet état de régime était toujours atteint après 5 à 6 mètres de chute au plus, on voit que la chute totale étant de 16 mètres, on avait le mouvement uniforme bien établi pendant plus de deux minutes, ce qui suffisait pour la durée de toutes les observations. Il est d'ailleurs évident que si le mouvement à observer avait dû être lent, on aurait pu ralentir aussi celui du plateau en diminuant le poids moteur.

A la vitesse de deux tours par seconde un point de la circonfésence du plateau, qui avait un mètre de développement, parcourait donc deux mètres en 1'' ou 2000 millimètres, et comme à l'aide de l'instrument que l'on employait au relèvement des courbes, on pouvait apprécier un cinquième de millimètre, il s'ensuit que l'on pouvait rigoureusement apprécier $\frac{1}{10000}$ de seconde.

Nous reviendrons plus tard sur les précautions à prendre pour que les autres moyens d'exécution et de relèvement aient la précision convenable pour qu'on puisse approcher de l'exactitude que permet par lui-même cet appareil chronométrique, mais auparavant nous devons indiquer comment on a disposé le style pour obtenir une trace de l'origine de la courbe du mouvement.

6. *Disposition pour obtenir l'origine du mouvement.* Le mouvement qu'il s'agit d'observer est transmis par un fil de soie à une poulie AB (Fig. 4) dont l'axe est parallèle à celui du plateau, mais placé à une certaine distance en dessus ou en dessous à volonté pour la facilité des opérations. Du côté de la pièce n° 3, l'axe est terminé par une embase qui peut recevoir un plateau, mais où l'on fixe ordinairement le style, au bout d'un petit bras B maintenu au centre par un écrou, et vers son milieu par une goupille et qui, par conséquent, tourne avec la poulie.

L'extrémité de ce petit bras est percée d'un œil, dans lequel glisse à frottement doux et à volonté une tige *ab*, qui reçoit à vis la douille *c*, dans laquelle est placé le pinceau. La tête de la tige *ab*, porte en dehors et en dedans deux épaulemens *a* et *b*. Le premier *a* du côté de la poulie, n'a sur la tige *ab* qu'une saillie d'un millimètre; le second *b*, un peu plus large, sert à saisir la tige, pour l'éloigner du plan du plateau. Un ressort *d*, fixé sur le bras B, et qui embrasse l'épaulement, résiste à ce mouvement et repousse au contraire la douille et le pinceau vers le plateau, dès qu'il cesse d'être retenu par la main ou par un arrêt fixe. D'une autre part, un ressort *c*, fixé sur le bâtis de la poulie et dont l'extrémité E se place à tel point que l'on veut, par rapport au centre de cette poulie, peut, quand on le fléchit un peu, qu'on amène le bras B à sa hauteur, et qu'on pousse la tige *ab* en arrière, s'engager entre l'épaulement *a* et le bras B, de manière à maintenir le pinceau éloigné du plan du plateau d'une petite quantité. Dans cette position représentée (Fig. 3), la pointe du pinceau ne touche pas le plateau, mais elle peut en être aussi près que l'on veut, puisqu'on peut approcher celui-ci à l'aide de la manivelle Y avant l'expérience. La poulie AA est maintenue dans cette position à l'aide d'un crochet et d'un petit déclic, qui s'opposent à son mouvement dans le sens de la tension motrice du corps mis en expérience. Mais, dès qu'on dégage le déclic, le mouvement commence et l'épaulement *a* de la tige *ab* n'ayant qu'un millimètre, et pouvant d'ailleurs n'être engagé que d'une moindre quantité, il s'échappe du ressort *c*; la tige *ab* cède alors à l'action du ressort *d*, qui tend à la rapprocher du plan du plateau, et le style marque sur la feuille l'origine de la courbe du mouvement. Dès que la tige s'est dégagée du ressort *c*, celui-ci revient sur lui-même et se retire assez loin pour ne pas être rencontré par l'épaulement *a* dans les révolutions successives de la poulie.

Le jeu de la tige, l'écartement du pinceau, la quantité dont l'épaulement est engagé, peuvent être et sont réduits à moins d'un millimètre, et comme le mouvement de la poulie commence toujours avec une vitesse nulle, on obtient ainsi, avec toute la précision désirable, l'origine des courbes bien nettement marquée sur le papier.

7. *Moyens employés pour obtenir un relèvement exact de la courbe du mouvement.* C'est par ces dispositions que l'on a satisfait à la condition que l'on s'était imposée d'obtenir sur le plateau l'origine de la courbe du mouvement. Cette courbe, dans toutes les expériences faites en 1835 et 1836, a été tracée sur une feuille de papier que l'on collait par les bords sur le plateau MM, après l'avoir légèrement mouillée pour qu'elle s'étendît. On enlevait la feuille après chaque expérience, et on la remplaçait par une autre. Dans les expériences où l'on n'a pas besoin d'une très-grande précision, ce procédé est suffisamment exact, mais quand on veut que tous les élémens de l'opération aient un degré d'exactitude comparable et qu'on désire opérer avec toute la précision possible le retrait du papier exerce une influence qui n'est plus négligeable. Aussi, quoique l'on ait eu la précaution de se servir de papier fait à la mécanique et collé à la cuve, qui, par l'égalité de sa pâte et sa facilité à se mouiller, s'étend et se retire à peu près également en tous sens on a reconnu qu'il fallait parvenir à éviter entièrement les effets du retrait.

Si l'on n'avait que peu d'expériences à faire, il suffirait d'avoir plusieurs plateaux de rechange et de tracer sur le métal même les courbes du mouvement. Mais quand on a de nombreuses séries d'expériences à exécuter, qu'on trace 30 ou 40 courbes dans un jour, qu'on ne veut pas interrompre son travail pour les relever, il faut recourir à un autre moyen.

Voici celui que l'on a employé avec succès dans les expériences de 1836, sur le mouvement des projectiles dans l'eau :

On a pris des feuilles de zinc laminé bien dressées, on les a montées entre deux plateaux sur le tour, et on y a percé au centre un trou d'un diamètre, exactement égal à celui de l'extrémité de l'arbre qui traverse le plateau MM, puis on a ajusté sur ce plateau un anneau en cuivre qui s'y fixait à l'aide de six vis. La feuille de zinc, sur laquelle on collait le papier, était placée sur le plateau, serrée vers le centre par un écrou, maintenue vers la circonférence par l'anneau, et était ainsi exactement dressée et appliquée contre le plateau de cuivre, et comme elle était parfaitement égale d'épaisseur, on obtenait ainsi une surface plane que le pinceau touchait partout également.

Ces feuilles de zinc étant à fort bon marché, on a pu en faire faire un grand nombre et laisser sur chacune d'elles les courbes tracées jusqu'à ce qu'elles fussent relevées. On avait eu, au préalable, le soin de les tourner et de les centrer exactement, de sorte qu'en les présentant sur l'appareil de relèvement elles se trouvaient aussi parfaitement concentriques avec lui; ce qui rendait cette opération plus rapide et plus sûre.

8. *Moyens d'augmenter la durée du mouvement uniforme.* L'appareil que nous venons de décrire exige, comme on le voit, que le poids moteur puisse avoir 14 à 15^m de course, ce qui ne présente pas de difficulté d'exécution, car en le supposant même placé dans un local beaucoup moins élevé, il serait presque toujours facile à l'aide de poulies de renvoi de faire mouvoir ce poids en dehors du bâtiment et à partir des combles. On pourrait d'ailleurs, au lieu d'une poulie simple, avoir un petit mouffle équipé à quatre brins, ce qui doublerait la durée de la descente pour une même hauteur. On parviendrait encore au même but en diminuant le diamètre du treuil et en augmentant en raison inverse le poids moteur, ce qui, jusqu'à certaines limites, n'offrirait point d'inconvéniens.

Mais il est une modification beaucoup plus importante que l'on pourrait faire subir à cet appareil si l'on voulait diminuer de beaucoup la hauteur de descente des poids, accélérer l'instant où le mouvement est devenu sensiblement uniforme, et prolonger beaucoup plus long-temps sa durée; nous y reviendrons plus tard et nous terminerons ce qui nous reste à dire sur ce premier appareil chronométrique, en indiquant une précaution qui nous semble indispensable pour assurer la régularité du mouvement.

9. *Précaution nécessaire pour maintenir les axes au même état d'onctuosité.* On sait, d'après les récentes expériences sur le frottement des axes de rotation que nous avons faites à Metz en 1834 *, que le frot-

* Nouvelles expériences sur le frottement des axes de rotation, sur la variation de tension des courroies ou cordes sans fin, employées à la transmission du mouvement, sur le frot-

tement des tourillons sur leurs coussinets est beaucoup moindre quand ils sont continuellement alimentés d'enduit à l'aide d'un appareil spécial, que quand on se contente de les lubrifier de temps en temps.

Le rapport du frottement à la pression, qui, dans le premier cas, n'est guère que 0,05, s'élève dans le second à 0,07, ou 0,08 quand les surfaces sont encore bien graissées, puis à 0,10, et enfin à 0,15 quand elles ne sont plus qu'onctueuses. Il est donc très-important, pour la régularité du mouvement, que les appareils chronométriques soient munis des moyens nécessaires de renouveler l'enduit. C'est à quoi l'on parvient facilement en plaçant sur les coussinets de petites boîtes dont le fond est percé d'un trou, sur lequel s'élève un petit tube destiné à recevoir le bout d'une mèche de coton, dont l'autre extrémité plonge dans l'huile contenue dans la boîte. Le sommet du tube s'élevant au-dessus du niveau de l'huile, le liquide ne peut arriver sur le tourillon que par l'action capillaire de la mèche et en proportionnant convenablement le nombre de fils de cette mèche à la quantité d'huile nécessaire à l'alimentation, on maintient les tourillons à un état constant et uniforme d'onctuosité. Il est inutile sans doute de dire que dans l'usage habituel du chronomètre, il est indispensable de nettoyer souvent toutes les pièces frottantes. On observera aussi qu'il faut éviter avec soin que l'extrémité des mèches ne s'engage entre l'axe et le coussinet, ce qui altérerait notablement la régularité du mouvement, auquel cas on en serait d'ailleurs averti par l'observation de sa vitesse.

L'appareil chronométrique, que nous venons de décrire, est d'un usage fort commode, et il a été employé avec succès pour les expériences sur la résistance de l'air faites en 1835 et en 1836. La vitesse uniforme que l'on peut obtenir pour son plateau a été dans ces expériences habituellement de deux tours environ par seconde ; elle pourrait être, pour certains cas, portée à trois ou quatre. Elle suffit pour toutes les expériences du même genre, qui ne durent pas très-long-temps. Mais, dans d'autres cas, il peut être nécesaire d'obtenir une vitesse beaucoup plus grande et de prolonger davantage la durée du mouvement uniforme. Enfin il y a certaines expériences pour lesquelles il est indispensable que l'appareil soit transportable et d'une petite hauteur. C'est ce qui a conduit à en faire établir un autre destiné à satisfaire à ces nouvelles conditions.

10. *Appareil chronométrique à grandes vitesses.* Le second ap-

tement des courroies à la surface des tambours, faites à Metz en 1834 ; à Paris, chez Carillan-Gœury.

pareil est tout-à-fait du même genre que celui que nous avons décrit précédemment et n'en diffère que par le mode d'exécution et par la réunion de toutes les pièces du mécanisme sur le même plateau et dans une caisse de 4 mètres de hauteur.

Un treuil AA de 0^{m},030 de diamètre reçoit un cordon de soie qui s'enroule à sa surface des deux côtés de la roue dentée B en la traversant près de l'arbre (Fig. 1 et 2). Les deux bouts de ce cordon viennent passer sur deux poulies en cuivre montées sur un plateau de chêne placé au sommet de la caisse. Ce plateau avec les poulies qu'il porte peut glisser dans des coulisses, de manière que les poulies sortent de la moitié de leur diamètre en dehors de la caisse. Les poids moteurs suspendus aux cordons se trouvent alors en dehors de cette caisse.

Le mouvement communiqué au treuil par la descente des poids est transmis à un arbre intermédiaire EE par la roue dentée B, qui a 167 dents, le pignon E n'en ayant que 28, il s'ensuit que son arbre fait 5,964 tours pour un tour du treuil. Sur le même arbre E est une roue dentée ayant 167 dents, qui engrène avec un pignon Q, de 28 dents, monté sur l'arbre II, celui-ci fait par conséquent 5,964 tours pour un tour de l'arbre EE ou 35,6 tours par tour du treuil.

Il suit de ces rapports que la circonférence moyenne de l'arbre, y compris le cordon de 0^{m},003 de diamètre, étant de 0^{m},1039 le poids descend de 0^{m},00292 par tour du plateau ou du volant. Si le poids moteur descend de 3^{m} pendant le mouvement uniforme et que le plateau fasse

deux tours en 1″ le mouvement uniforme durera.. 518″ environ
cinq *id.* *id.*................................ 205″,5
dix *id.* *id.*................................ 102″,5

L'arbre II, prolongé de part et d'autre de ses tourillons, reçoit à un bout un volant à ailettes et de l'autre un plateau en cuivre, sur lequel on fixe des feuilles de papier collées sur zinc, comme on l'a vu au n° 7. Il y a deux volans de rechange destinés à différens usages, l'un représenté figure 6, est léger, les quatre ailettes ont 0^{m},00393 de surface chacune et leur rayon moyen est de 0^{m},189. Il est employé quand la résistance du style est très-faible, comme celle d'un pinceau, qui trace sur du papier, parce qu'alors l'inertie du plateau suffit pour empêcher l'effet de cette résistance sur la vitesse du mouvement. L'autre représenté se compose aussi de quatre ailettes, qui sont montées sur un anneau massif en bronze. Il est destiné à agir d'une part comme régulateur à ailettes, de l'autre comme volant proprement dit, pour rendre insensibles par son inertie, les effets de la résistance d'un style qui tracerait une courbe de mouvement dans une matière plus ou moins molle ; ce cas devant se présenter dans les expériences que la commission des principes du tir de l'école d'artillerie de Metz doit faire par la suite, on a dû disposer l'appareil dans cette prévision ; mais, pour les expériences ordinaires, le poids du second volant éloignant l'instant où le mouvement devient uniforme, on a dû lui substituer le premier, plus léger et uniquement destiné à agir comme régulateur.

Les dispositions prises pour pouvoir rendre le plan du plateau qui doit recevoir la trace du style parallèle à celui du cercle décrit par la pointe de celui-ci sont analogues à celles que nous avons décrites précédemment n° 4, nous nous contenterons de les indiquer succinctement.

Les deux arbres A et E sont posés sur deux supports MM, fixés à vis sur un plateau N. L'arbre E ne peut pas varier de position, mais l'arbre A du treuil est porté sur des coussinets mobiles qui, à l'aide des vis de pression PP peuvent s'approcher ou s'éloigner à volonté de ceux de l'autre arbre. Il est donc facile de rendre les deux arbres A et E parallèles, et de faire engrener la roue B et le pignon E, de façon qu'il n'y ait dans l'engrenage que le jeu indispensable.

L'arbre H du volant est aussi porté sur deux coussinets mobiles, à l'aide de vis de pression Q, qui permettent de le rapprocher ou de l'éloigner de l'arbre E et de faire engrener convenablement le pignon G et la roue F. On peut donc établir ainsi le parallélisme des trois arbres et l'exactitude de l'engrenage.

La platine N peut prendre dans les coulisses B un mouvement de translation, qui lui est communiqué par la vis S. Cette platine et ces coulisses sont montées sur une seconde platine T, susceptible de prendre autour d'un axe vertical V un mouvement de rotation horizontal, qu'on lui imprime ou qu'on empêche à volonté par la vis X, et un mouvement de rotation autour de ses tourillons horizontaux à l'aide des vis Y.

Cette courte description, jointe à l'examen des dessins, suffit sans doute pour donner une idée exacte de la disposition de l'appareil, qui est d'ailleurs muni de boîtes à l'huile pour l'alimentation des axes.

Les arbres portent en outre des indicateurs, qui servent à compter les nombres de tours faits dans un temps donné.

Toutes les précautions décrites au n° 6 pour obtenir l'origine exacte de la courbe du mouvement étant d'ailleurs indépendantes de l'appareil et étant adaptées au corps dont on observe le mouvement, il n'est pas nécessaire d'en parler de nouveau, il est évident qu'elles reçoivent également leur application, quand on se sert du second chronomètre.

11. *Exécution des expériences.* D'après la description que l'on vient de donner des deux appareils, il est facile de se rendre compte du mode à suivre pour l'exécution même des expériences, on se contentera donc ici d'en dire quelques mots.

Le plateau étant garni de la feuille de papier destinée à recevoir la trace du style et son parallélisme au cercle décrit par ce style étant assuré et vérifié par les moyens indiqués au n° 4, on approche la pointe du pinceau aussi près qu'il est nécessaire, afin que, quand celui-ci échappera à l'arrêt qui le tient éloigné, il touche assez, pour que le trait soit net et bien marqué. Cela fait, on abandonne le poids moteur à l'action de la gravité, lorsqu'il est arrivé à la hauteur à laquelle l'observation a appris que le mouvement était devenu uniforme, on commence à compter avec une montre à pointage de Bréguet, donnant les dixièmes de seconde, la durée de dix ou de vingt révolutions du plateau; on répète trois fois cette observation, et quand la durée observée est la même ou ne diffère que d'environ deux dixièmes de seconde, tantôt en plus, tantôt en moins, ce qui peut venir de l'observation même du compteur, on donne le signal auquel on dégage le déclic. Le mouvement commence alors, le style échappe à son arrêt et trace la courbe. Dès que le corps en expérience atteint le bas de sa chute ou en approche, on appuie à la main contre la circonférence de la poulie à laquelle il est suspendu, un morceau de bois, faisant fonction de frein, à l'aide duquel on retarde, et l'on éteint graduellement le mouvement de cette poulie. Dans le cas où le corps mis en expérience est fragile ou susceptible de se détériorer en arrivant au bas de la course, il convient de disposer pour le recevoir une couche de corps mous, tels que du foin ou de la paille qui affaiblisse l'intensité du choc.

Aussitôt que la portion de la courbe que l'on veut relever est tracée, ou dès qu'on commence à ralentir le mouvement de la poulie, on éloigne rapidement le plateau du style, en faisant reculer la platine qui le porte et dès-lors le style cesse de tracer.

On enlève la feuille de papier ou celle de zinc qu'elle recouvre, on la remplace par une autre et l'on commence une autre expérience.

12. *Mode de relèvement des courbes.* Pour compléter cette description, il reste à faire connaître les procédés employés pour accélérer le relèvement des courbes tracées par le style. Indiquons d'abord la construction par laquelle s'opère le relèvement pour faciliter l'intelligence de l'appareil à l'aide duquel on l'exécute.

Le style tournant excentriquement et parallèlement à l'axe de rotation du plateau, il est évident que toutes les courbes tracées sur celui-ci seront tangentes à deux cercles, l'un extérieur, l'autre intérieur à leur contour, dont les rayons auront pour différence le diamètre du cercle décrit par le style. Cela seul suffirait pour retrouver ce diamètre, mais comme il est facile et toujours convenable, avant ou après chaque expérience de décrire ce cercle sur le plateau immobile, nous pouvons le prendre pour base de la construction. Cela posé, l'origine A de la courbe à relever étant bien indiquée, par ce point faisons passer un cercle de même diamètre que celui du style, ce qui n'offre aucune difficulté, puisque son rayon est connu, ainsi que la distance constante de son centre à l'axe du plateau.

Chaque révolution du style correspondant à un tour de la poulie à laquelle est suspendu le corps en observation et dont le développement est connu, il s'ensuit qu'il y a un rapport constant entre les espaces parcourus et les angles décrits par le style; ainsi, par exemple, dans les expériences sur la résistance de l'air, la circonférence moyenne de la poulie, y compris la demi-épaisseur du cordon, était de $1^m,5849$; par conséquent à chaque tour du style correspondait une hauteur verticale parcourue par le corps égale à $1^m,5849$. D'après cela, si nous partageons la circonférence du style, qui passe par le point A en dix parties égales, aux points 0, 1, 2, 3, 4, 5, 6, 7, 8, 9, chacun de ces points correspondra à $0^m,15849$ de chute du corps. Mais, pendant le mouvement, le plateau animé d'un mouvement uniforme s'est déplacé de quantités qu'il est facile de mesurer, car il est évident, par exemple, que pendant que le style aura parcouru l'arc A1, le plateau aura décrit l'angle AC1, déterminé par la rencontre du cercle de rayon C1, décrit du centre C, avec la courbe du style. On voit en effet de suite que le point 1 est nécessairement celui qui a dû venir passer en 1, à l'instant où le style avait décrit l'arc A1.

De là il résulte que, si du centre C et des rayons CA, C1, C2.... C9, on décrivait des circonférences de cercle, l'arc de chacun de ces cercles compris entre les points A, 1, 2.... 9, et leur rencontre avec la courbe, donnerait pour chacun des espaces correspondans aux arcs A1, A2.... A9, les temps écoulés depuis l'origine du mouvement. Il est clair encore, qu'après la première révolution du style, comme après le premier tour du plateau, il faudrait ajouter aux arcs observés une circonférence entière, deux après le second tour et ainsi de suite.

Le relèvement des courbes ne présente donc aucune difficulté, et comme on connaît par l'observation de la durée uniforme des révolutions du plateau, le temps correspondant aux arcs qu'il décrit, il s'ensuit qu'on peut facilement former pour chaque expérience une table des espaces parcourus et des temps employés. Puis, en prenant les espaces pour abscisses et les temps pour ordonnées, on représentera graphiquement la loi du mouvement par une courbe à coordonnées rectangulaires, dont l'étude doit conduire aux lois physiques que l'on cherche.

Mais, si la marche à suivre pour le relèvement des courbes est simple, l'exécution est fort longue, par suite de la multiplicité des angles à mesurer, et surtout par le grand nombre des expériences.

Il n'en a pas été fait en 1835, sur la résistance de l'air au mouvement des corps de diverses formes, moins de 600 et dans chacune d'elles la course ayant été de 14^m mètres environ, on a eu à relever des courbes dont le développement correspondait à 8400 mètres ou à 2,1 lieues de chemin parcouru. Le relèvement se faisant par dixièmes de la révolution du style ou de 0^m,157 en 0^m,157, on avait 800000 points environ à relever par abscisses et par ordonnées ; il eût fallu renoncer à un travail pareil, si l'on n'eût pu l'abréger par un instrument particulier.

13. *Instrument employé au relèvement des courbes.* Le rapporteur à branches mobiles employé de 1831 à 1834, suffisant pour le relèvement des courbes tracées par l'appareil mis en usage, n'était plus assez expéditif pour le cas actuel, et c'est ce qui a engagé à faire construire exprès un appareil, qui a été exécuté sur les dessins du capitaine Didion aux ateliers de l'école d'application ; nous allons le décrire en détail, ainsi que la suite des opérations à exécuter.

La feuille sur laquelle la courbe est tracée se pose sur un plateau en cuivre AA (Fig. 9), portant au milieu un axe de centrage ; un anneau plat BB recouvre cette feuille, et à l'aide de vis garnies de rosettes, on la serre entre cet anneau et le plateau, de sorte qu'elle ne puisse plus varier de position. Au préalable, on a eu la précaution de la centrer exactement par rapport au plateau et au cercle de la manière que nous indiquerons plus tard.

Le dessus de l'anneau BB est un limbe, divisé en 1000 parties, pour rendre la réduction des révolutions en tours plus facile.

Sur l'axe C se place ensuite un rayon composé d'un bras DD, ouvert sur sa largeur, qui repose à son extrémité sur le limbe, et qui porte en E un petit vernier curseur, lequel peut donner $\frac{1}{5000}$ de la circonférence du plateau, mais qui sert surtout à faire correspondre le point de départ du relèvement au zéro du limbe. En plaçant la feuille, on a eu la précaution de chercher le rayon *ca*, qui passe par l'origine de la courbe, de manière que le milieu du bras **DD** correspondît déjà à peu près au zéro du limbe, et l'on achève l'ajustage en faisant glisser le vernier. D'après cela, tous les angles décrits par le rayon mobile sont comptés depuis le zéro du limbe et depuis l'origine du mouvement. L'usage du limbe et de ce rayon mobile faciliterait déjà beaucoup le relèvement, mais il y a une autre disposition qui le rend encore plus rapide. Ce bras mobile entraîne avec lui un disque F, dont le centre correspond exactement à celui de la circonférence du style et qui porte dix pointes correspondantes à autant de parties égales de la circonférence, et dont les extrémités sont à une distance du centre égale au rayon de celle du style, de sorte qu'elles représentent les divisions A, 1, 2...., 9 de cette circonférence. Ce disque et ses pointes étant ajustés, comme nous le dirons tout à l'heure, de manière que l'une d'elles corresponde exactement à l'origine de la courbe, il est clair que la suivante, dans le sens du mouvement, correspondra au point 1, la deuxième au point 2, etc.

D'après cela, si l'on fait mouvoir le bras mobile en suivant le mouvement de la courbe, il est clair que la pointe décrira l'arc A1, et que quand elle sera au-dessus du point 1, on aura l'angle décrit par le plateau pendant le déplacement du style correspondant à l'arc A1, en lisant sur le limbe à quelle division s'est arrêté le zéro du vernier. En faisant ainsi successivement répondre chacune des pointes du disque F aux pointes 2, 3, 4..., 9, on aura de suite les angles décrits par le plateau. On voit donc que le relèvement s'effectuera rapidement ; mais il y a plus, c'est qu'avec un peu d'habitude de l'usage de l'instrument et de la marche des courbes, on n'a pas besoin de tracer ni de diviser le cercle primitif.

Il suffit de connaître son diamètre et d'ajuster les pointes sur le cercle pareil, décrit en un endroit quelconque de la feuille, lors de l'expérience, puis ensuite d'amener l'une d'elles sur l'origine de la courbe de façon que le zéro du vernier corresponde à celui du limbe. Après cela, en faisant mouvoir le rayon mobile autour de l'axe, de manière que les pointes viennent successivement rencontrer la courbe, et lisant les angles correspondans à chaque position, on obtient de suite et très-rapidement les temps correspondans aux espaces parcourus.

Il nous reste à indiquer comment on ajuste les pointes à leur longueur, et comment on place leur centre à la distance convenable. Pour le second objet, le disque *f* porte un axe G, qui traverse à frottement doux un guide *h*, celui-ci glisse à volonté dans une coulisse du bras mobile et dans le sens de sa longueur; une vis tournant autour du sommet fileté de ce guide permet de l'arrêter sur la coulisse; on peut donc aussi placer le centre du disque à la distance convenable, et l'axe *g* étant à frottement doux dans le guide *h*, le disque n'en conserve pas moins la faculté de tourner autour de cet axe.

A l'aide du mouvement de translation, on peut, en présentant le disque sur le cercle du style tracé avant ou après l'expérience, le placer concentriquement à ce cercle. Le diamètre de ce cercle dans une même série d'expériences faites avec le même appareil est constant, mais quand on change de poulie, ce diamètre peut varier un peu, il faut donc pouvoir donner aux pointes la longueur convenable à cet effet. Sur le disque F et concentriquement avec lui est une plaque K, portant dix fentes excentriques toutes de même rayon dans chacune desquelles s'engage une cheville que portent les aiguilles. Celles-ci sont engagées dans des rainures faites sur le disque F, dans le sens de ses dix rayons et ne peuvent que glisser dans ce sens. On conçoit, d'après cela, que si l'on fait tourner la plaque autour de l'axe, ces fentes conduisant les chevilles des aiguilles, forceront celles-ci à s'éloigner ou à se rapprocher du centre, et si elles ont été bien ajustées une fois, les extrémités resteront toujours à des distances égales de ce centre. La variation totale de saillie des aiguilles peut s'élever à $0^{m},010$, ce qui dépasse toutes les différences entre les cercles décrits par les styles de nos appareils.

Les pointes étant ajustées à leur longueur et le disque F mis à la distance convenable du centre C, il ne reste plus qu'à placer l'une des aiguilles sur l'origine de la courbe, c'est ce qui est facile, puisque le disque F a encore la liberté de tourner autour de son axe G. Cela fait, on serre la vis de pression, et dès-lors l'appareil est ajusté et ne doit plus varier.

On observera que cet ajustage des pointes ne se fait qu'une fois pour toutes, pour une même série d'expériences, où le style ayant toujours la même position et la même distance, l'origine se retrouve, pour toutes les courbes, à la même distance du centre du plateau.

14. *Manière de centrer les feuilles.* Nous avons supposé jusqu'ici que la feuille sur laquelle la courbe était tracée, avait été exactement centrée par rapport à l'appareil de relèvement; il faut dire comment on y parvient.

Dans les expériences de 1835 sur la résistance de l'air, la feuille de papier était simplement collée par ses bords sur le plateau animé du mouvement uniforme et après chaque expérience on l'enlevait pour le remplacer par une autre. On opérait donc le relèvement sur ces feuilles détachées, qui ayant été mouillées avant d'être collées, se retiraient parfois un peu inégalement. Pour retrouver le centre on fermait d'abord le trou de l'axe, en y collant un petit morceau de papier, puis en posant sur la feuille un plateau de centrage (Fig. 9) en cuivre évidé vers le centre, vers les bords et dans une partie intermédiaire. Les vides étaient garnis de morceaux de corne transparens, sur lesquels étaient tracés des cercles concentriques équidistans de $0^m,002$ en $0^m,002$. Au centre, était percé un petit trou pour le passage d'une aiguille. En promenant ce plateau sur la feuille, on trouvait facilement la position qui correspondait le mieux au centre des courbes et alors on piquait sur la feuille la place de ce centre, puis à l'aide d'un compas tranchant, par une de ses pointes, on découpait une petite rondelle d'un diamètre égal à celui de l'axe de l'appareil de relèvement. En posant alors la feuille sur cet instrument, on était ainsi certain de l'avoir centrée, aussi exactement que le permettait le retrait du papier.

Le relèvement de ces courbes a montré que ce retrait quoiqu'assez faible, et à peu près régulier, pouvait néanmoins avoir quelqu'influence sur l'exactitude des résultats, et c'est ce qui a déterminé à coller le papier sur des feuilles de zinc que l'on remplaçait après chaque expérience et sur lesquelles il restait collé jusqu'à ce que la courbe eût été relevée. On a, par ce moyen, évité les effets des inégalités du retrait et le centrage des feuilles de zinc est devenu encore plus facile que celui des feuilles de papier. Car ayant eu la précaution de les faire tourner et percer au centre d'un trou, d'un diamètre égal à celui de l'arbre de la poulie, et ayant placé sur l'axe de l'instrument de relèvement un anneau de même diamètre, il a suffi de poser la feuille sur cet instrument, pour qu'elle se trouvât exactement centrée.

A l'aide des moyens, que nous venons de décrire, le relèvement des courbes est devenu facile et en y employant deux dessinateurs, dont l'un, maniant l'instrument, lisait et dictait les angles, que l'autre écrivait, on est parvenu à en relever jusqu'à 20 par jour, pour les expériences sur la résistance de l'air, ce qui correspond à environ 280 mètres d'espace parcouru.

On remarquera que l'usage de cet instrument réunit l'exactitude à la célérité, et qu'il donnerait au besoin $\frac{1}{5000}$ de la circonférence du plateau. Or celui-ci pouvant marcher à des vitesses variables depuis deux jusqu'à dix tours en 1″, on aura par ce moyen la valeur du temps avec une approximation qui dépasse tout ce qui a été obtenu jusqu'à ce jour.

15. *Modifications que l'on pourrait apporter à ces appareils.* Après avoir décrit les appareils qui ont été construits et les moyens employés pour le relèvement des courbes, il ne sera sans doute pas hors de propos d'indiquer quelques dispositions qui pourraient les perfectionner et en étendre l'usage, soit en en réduisant beaucoup les dimensions, la complication et le prix, soit en prolongeant la durée du mouvement uniforme.

Remarquons d'abord que, dans les appareils décrits plus haut, le mouvement ne devient uniforme qu'au bout d'un certain temps et après que le poids moteur est descendu d'une certaine hauteur, et qu'il atteindra cette limite d'autant plus tard que les masses du système auront un moment d'inertie plus considérable ; et, comme pour certaines expériences, il peut être nécessaire que le volant à ailettes soit accompagné d'un volant proprement dit d'une masse assez grande, pour rendre insensible la résistance du style, on voit que le mouvement n'arriverait que tard à l'uniformité et ne durerait pas assez long-temps. Il est facile de remédier à cet inconvénient, soit en ajoutant au poids moteur constant un poids additionnel assez considérable, pour que, son action concourant avec celle du premier, le mouvement approche promptement de la vitesse qu'on veut lui donner, et qui touchant à terre, à partir de cet instant, laisserait l'appareil soumis à la seule action du poids constant. Mais il est, dans la plupart des cas, plus simple et plus commode au moment de la mise en mouvement de l'appareil chronométrique, d'agir à la main sur le volant et de lui imprimer directement une grande vitesse, que le poids moteur ne devra plus que ramener à la vitesse de régime.

Un perfectionnement beaucoup plus important que ces appareils pourraient recevoir est fondé sur l'observation suivante. On sait que la résistance des milieux croît avec leur densité, et que par conséquent si le volant à ailettes se mouvait dans un milieu plus dense que l'air, le mouvement serait bien plus tôt régularisé, et comme il ne serait pas nécessaire alors que les ailettes eussent une grande vitesse, on pourrait réduire l'appareil à deux axes de rotation pour les grandes vitesses, et à un seul pour les petites. Une disposition de ce genre a déjà été mise en usage avec succès par un artiste ingénieux *, qui est ainsi

* M. Getten, fabricant de lampes mécaniques, a présenté, à la dernière exposition des produits de l'industrie, des lampes dont le régulateur marche dans l'huile.

parvenu à établir des lampes mécaniques d'un mouvement très-régulier à un prix bien inférieur à celui auquel il pouvait les livrer auparavant.

En appliquant cette idée, on pourrait réduire de beaucoup les dimensions du volant, sa vitesse, le poids, le volume et le prix des appareils : mais, ce qui est encore plus important, c'est que l'on pourrait prolonger de beaucoup la durée de leur mouvement uniforme sans augmenter la hauteur de chûte du poids moteur.

Cette idée serait particulièrement applicable, avec la plus grande facilité, aux chronomètres dont le style ou le plateau devraient se mouvoir horizontalement.

Il y a plus, l'emploi des régulateurs mus dans un liquide d'une grande densité, pourrait conduire sans doute à d'importans perfectionnemens pour les horloges à contre-poids ou même à ressort et permettrait de supprimer l'usage du pendule : et il nous semble fort à désirer que des artistes habiles fassent à ce sujet quelques tentatives auxquelles la nature de nos occupations ne nous permet pas de songer. Nous remarquerons que l'eau, par la constance de sa densité entre des limites de température qu'il est toujours facile de conserver dans les appartemens, paraît essentiellement propre à être employée comme milieu régulateur.

Nous nous contenterons d'avoir indiqué ces perfectionnemens, qui nous paraissent susceptibles d'être utilement appliqués dans beaucoup de cas, et nous serions heureux de les voir mettre en usage, soit pour le progrès des sciences physiques, soit pour celui de l'horlogerie.

NOTICE

SUR

DIVERS APPAREILS DYNAMOMÉTRIQUES

PROPRES A MESURER L'EFFORT OU LE TRAVAIL DÉVELOPPÉ PAR LES MOTEURS ANIMÉS OU INANIMÉS ET PAR LES ORGANES DE TRANSMISSION DU MOUVEMENT DANS LES MACHINES.

AVANT-PROPOS.

Les instrumens que nous nous proposons de décrire dans cette notice servent depuis l'année 1831, aux diverses expériences que nous avons exécutées ou entreprises sur le frottement, sur la transmission du mouvement par le choc, sur les variations de tension des courroies, sur le tirage des voitures, des charrues et le halage des bateaux. L'usage et les circonstances différentes dans lesquelles ils devaient être employés en ont fait souvent modifier les parties accessoires, mais les dispositions principales ont toujours été les mêmes, ainsi que le principe fondamental qui en a été la base.

Le but de leur construction était de rendre les observations plus faciles et plus exactes que celles que l'on peut exécuter avec les autres dynamomètres connus jusqu'à ce jour, en obtenant des indications permanentes des efforts ou des quantités d'action développées par la puissance motrice, qui fait mouvoir un appareil quelconque et il a été atteint de deux manières différentes, selon la nature et la durée des observations. L'une des solutions est relative au cas où les expériences ne doivent être prolongées que pendant un intervalle de chemin parcouru ou de temps assez court et correspondant par exemple à 400 ou 500 mètres ou à une demi-heure au plus, alors on se contente d'obtenir sur une feuille de papier une trace écrite de tous les efforts exercés par la puissance motrice. L'autre se rapporte au cas où l'étendue de l'expérience doit être beaucoup plus considérable et correspondre à plusieurs lieues ou à plusieurs heures et on emploie alors un compteur, qui totalise la quantité d'action développée par le moteur dans tout cet intervalle, en jouissant aussi de la propriété d'indiquer celle qui correspond à telle fraction que l'on veut.

Je dois au savant M. Poncelet mon maître et mon ami l'idée fondamentale de ces deux solutions, savoir : 1° l'emploi d'un style traçant une courbe des efforts sur une feuille de papier mise en mouvement par un moyen direct et 2° l'usage du compteur à roulette, qui totalise la quantité d'action. En le déclarant à diverses reprises, dans mes mémoires sur les nouvelles expériences sur le frottement, dans celui qui a obtenu de l'académie des sciences le prix de mécanique de la fondation Monthyon, dans celui qui a obtenu la médaille d'or de la société d'encouragement pour l'industrie nationale, ainsi qu'à l'académie royale de Metz, et dans les séances particulières et publiques de la 5e session du congrès scientifique, tenu à Metz en 1837, je n'ai fait qu'acquitter la dette de l'amitié. La part qui peut me revenir dans le mérite d'exécution de ces instrumens n'est relative qu'à la forme et à la proportion des lames dynamométriques, aux divers moyens d'obtenir la trace de leur flexion sur des feuilles de papier douées d'un mouvement circulaire ou de translation, à la construction du compteur et aux modes d'obtenir à volonté des indications de ses révolutions, et à l'agencement général des divers dispositifs à employer pour les adapter à tous les appareils soumis à l'expérimentation, et dont les formes variables se prêtaient plus ou moins facilement à cette application.

Entre les mains d'artistes habiles, ces dynamomètres recevront sans doute encore bien des perfectionnemens, leur disposition se simplifiera ; mais, après avoir reçu la sanction de sept années d'usage et d'emplois variés, où l'exactitude de leurs indications a été constatée par l'accord des résultats et par des vérifications directes et nombreuses, ils sont déjà, je pense, parvenus à un point assez satisfaisant, pour être livrés avec confiance à l'industrie et offerts aux expérimentateurs, pour la solution d'un grand nombre de questions. C'est ce qui m'a déterminé à en donner une description détaillée accompagnée d'une notice sur les divers dispositifs de montage à employer selon les cas et sur la manière de s'en servir.

DESCRIPTION DES APPAREILS.

1. L'industrie et l'agriculture éprouvent depuis long-temps le besoin d'un instrument qui permette de mesurer avec une exactitude, sinon mathématique, au moins suffisante, les efforts développés par les diverses puissances ou résistances qui sollicitent les machines ou les instrumens qu'elles emploient.

Si l'on réfléchit au grand nombre de questions encore indécises qu'un pareil instrument pourrait servir à résoudre, on s'étonne à juste titre que jusqu'ici les tentatives faites pour l'obtenir, n'aient été ni plus nombreuses ni plus heureuses. En effet le législateur est encore incertain sur les bases des lois relatives aux routes, car les rapports entre le tirage des voitures, leurs dimensions et les dégradations qu'elles causent aux routes ne sont pas établis d'une manière positive. L'agriculteur, pour fixer son choix sur les diverses charrues vantées par les uns et décriées par les autres, et sur les diverses machines d'agriculture, n'a que des instrumens imparfaits, où chacun selon son intérêt ou ses préventions peut voir à peu près ce qu'il veut. Aussi ne doit-on pas s'étonner du désaccord que l'on remarque dans les opinions des diverses sociétés d'agriculture. Parmi les nombreuses industries, qui, à l'aide de machines ingénieuses, préparent avec économie les produits perfectionnés dont l'usage se répand avec profusion dans toutes les classes, la plus avancée sans doute est celle de la filature et du tissage du coton, et cependant, depuis nombre d'années, elle réclame en vain un moyen de mesurer d'une manière précise la force nécessaire aux machines variées qu'elle emploie. Nous nous bornerons à ces exemples pour faire sentir toute l'importance de la question que nous allons traiter dans ce mémoire, et si les appareils que nous allons décrire peuvent remplir l'objet auquel ils sont destinés, nous croirons avoir rendu un véritable service aux arts industriels.

2. *Des conditions auxquelles un dynamomètre doit satisfaire.* Pour être d'un usage sûr et commode, un dynamomètre doit satisfaire aux conditions suivantes :

1° La sensibilité de l'instrument doit être proportionnée à l'intensité des efforts à mesurer et ne doit pas être altérée par l'usage.

2° Les indications de l'instrument doivent être obtenues d'une manière indépendante de l'attention, de la volonté ou des préventions de l'observateur, et par conséquent fournies par l'instrument lui-même au moyen de traces ou de résultats matériels, qui subsistent après l'expérience.

3° Il faut que l'on puisse obtenir l'effort exercé en chaque point de l'espace parcouru par le point d'application de l'effort, ou dans certains cas à chaque instant de la durée des observations.

4° Si l'expérience doit être par sa nature continuée long-temps, il faut que l'appareil permette de totaliser facilement la quantité d'action ou de travail dépensée par le moteur ou dans certains cas la quantité de mouvement ou le produit des efforts par leur durée.

Telles sont les conditions principales que nous nous sommes imposées dans la disposition des divers appareils dynamométriques que nous avons fait construire, et que nous avons déjà employés à un assez grand nombre d'expériences diverses pour les offrir avec confiance à l'industrie.

3. *Construction du ressort dynamométrique.* Pour satisfaire à la première condition, et pour faciliter l'examen des indications laissées par les ressorts dynamométriques, nous avons cherché à construire des ressorts qui prissent des flexions proportionnelles aux efforts exercés, ce qui devait rendre ces instrumens d'un usage bien plus commode que tous ceux qu'on a faits jusqu'à ce jour; puisque le rapport des efforts aux flexions étant une fois connu, il suffira de mesurer celles-ci ou d'en avoir une trace pour obtenir l'expression de l'effort, sans calcul et à l'aide d'une simple proportion.

Pour y parvenir, nous nous sommes basés sur les résultats suivans de la théorie de la résistance des matériaux à la flexion, savoir:

La flexion d'une lame élastique à section rectangulaire encastrée par l'une de ses extrémités ou posée librement sur deux appuis sous l'action d'un effort perpendiculaire à sa direction primitive dans sa position de repos est

1° Proportionnelle à cet effort;

2° Proportionnelle au cube de la longueur c de la lame ou du bras de levier de l'effort;

3° En raison inverse de la largeur a de la lame dans le sens perpendiculaire au plan de flexion;

4° En raison inverse du cube de l'épaisseur b de la lame à sa partie encastrée dans le sens du plan de flexion;

5° En raison inverse du coefficient E d'élasticité de la matière employée.

6° Si le profil longitudinal de la lame présente la forme parabolique des solides d'égale résistance, les flexions sont doubles de celles que prendrait une lame d'épaisseur uniforme sur toute sa longueur.

Ces résultats de la théorie * sont d'accord avec l'expérience, toutes les fois que les flexions ne dépassent pas les limites de l'élasticité, c'est-à-dire lorsque les corps fléchis reprennent leur forme primitive, dès que l'effort cesse son action. La constructiou même et la vérification des instrumens que nous allons décrire, ont fourni de nouvelles preuves de l'exactitude de ces bases.

D'après ce qui précède, on aura donc, pour des ressorts d'égale résistance, la relation

$$f = \frac{8Pc^3}{Eab^3},$$

formule à l'aide de laquelle on peut calculer l'une quelconque des quantités qui y entrent, quand on connaît les autres.

A l'époque où nous avons fait établir les premiers dynamomètres, le coefficient E d'élasticité de l'acier n'était pas bien déterminé, mais la construction même de ces instrumens nous a permis d'en obtenir la valeur pour les ressorts, et nous avons trouvé qu'elle était pour

L'acier fondu $\quad E = 31945500000^{kil}$
L'acier d'Allemagne $\quad E = 16904000000.$

4. *Rapports qu'il convient d'établir entre les diverses proportions.* La largeur a de la lame doit être limitée à $0^m,040$ ou $0^m,050$, parce que le gauchissement produit par la trempe est d'autant plus sensible que la lame est plus large, ce qui offre des difficultés dans l'ajustage.

L'observation des ressorts déjà exécutés nous a fait reconnaître que les flexions des lames restaient proportionnelles aux efforts tant qu'elles ne dépassaient pas $\frac{1}{10}$ à $\frac{1}{9}$ de leur longueur à partir de la partie encastrée.

D'après ces données il sera donc facile de calculer l'épaisseur b qu'il conviendra de donner à une lame à sa partie encastrée, pour que, sous un effort déterminé elle prenne une flexion connue. Elle sera fournie par la formule

$$b^3 = \frac{8Pc^3}{Eaf}.$$

Nous en donnerons tout-à-l'heure des exemples.

5. *Forme et courbure du profil longitudinal des lames de ressort.* L'épaisseur de la lame, dans le sens de la flexion, à la partie où elle est encastrée, étant déterminée, et le profil de la lame dans le même sens, devant être celui d'un solide d'égale résistance, il est facile de construire la courbe de ce profil. On sait, en effet, d'après la théorie

* Résumé des leçons de mécanique données à l'école des ponts et chaussées, par M. Navier.

et les résultats d'expériences connus sur la résistance des matériaux à la rupture *, que la résistance d'un solide à section rectangulaire encastré à l'une de ses extrémités, et sollicité à l'autre par un effort perpendiculaire à sa direction, est en un point quelconque :

1° Proportionnelle à sa largeur constante a ;

2° Proportionnelle au quarré de son épaisseur au point considéré ;

3° En raison inverse de la distance de ce même point à l'extrémité sur laquelle agit le poids ou l'effort.

Ces résultats de la théorie sont d'accord avec l'expérience, tant que la flexion ne dépasse pas les limites de l'élasticité, ce qui est le cas de nos ressorts, dont la flèche de courbure ne doit pas excéder $\frac{1}{10}$ à $\frac{1}{9}$ de leur longueur, comme on l'a dit au n° 4.

Si donc nos lames ont une face en ligne droite perpendiculaire à la direction de l'effort et l'autre courbe, en appelant

x l'abscisse de la courbe mesurée à partir du point où agit l'effort,

y l'ordonnée de la courbe perpendiculaire à la ligne des abscisses,

On aura pour l'équation de la courbe

$$y^2 = \frac{b^2}{c} x,$$

qui est celle d'une parabole dont le paramètre $\frac{b^2}{c}$ est connu. En se donnant des valeurs successives de x, on aura donc facilement les ordonnées y correspondantes.

6. *Disposition des lames de ressort.* Les lames de ressort, disposées pour mesurer la traction des chevaux sur les voitures, les charrues, les bateaux, etc., sont disposées comme l'indique la fig. 1, Pl. I.

Deux lames aa' et bb', exactement semblables, dont les faces intérieures sont planes et les faces extérieures paraboliques sont terminées, à leurs extrémités, par un nœud d'articulation de même largeur, percé d'un trou allésé dans le sens de cette dimension. De petits boulons en acier traversent à frottement doux ces oreilles, ainsi que des brides ff placées au-dessus et au-dessous des lames, et y sont fixés par des écrous, de sorte que les lames ont la liberté de se mouvoir facilement dans le sens de leur longueur, et se placent naturellement dans une position parallèle, lorsque l'effort est dirigé perpendiculairement à la lame bb, qui est fixée au corps à tirer de la manière suivante.

Une griffe postérieure c est percée d'une ouverture pour le passage

* Résumé des leçons de M. Navier.

de la lame qui s'y introduit dans le sens de sa longueur. Un épaulement d'une longueur égale à la largeur de la griffe, a été ménagé au milieu de la lame, et entre avec précision dans cette ouverture. Des vis de pression *g* à pointe conique, serrent la lame dans cet encastrement, et c'est à partir du dehors de la griffe *c* et jusqu'au centre des trous *b* et *b'* que se compte la longueur de la lame.

Une griffe antérieure *d* reçoit pareillement la lame *aa'* et porte un anneau *r* auquel s'accroche la volée ou la corde sur laquelle le moteur agit.

Il convient de disposer les griffes *c*, de telle façon qu'elles se touchent quand l'instrument est au repos, on en verra plus loin les avantages.

Enfin les mêmes griffes peuvent recevoir des lames de diverses forces.

7. *Observation sur l'effet de l'accouplement des lames.* On remarquera que, par cet accouplement de deux lames, l'écartement de leurs milieux est double de la flexion de chacune des extrémités. On pourrait ainsi réunir plusieurs paires de lames de même force, dont les flexions, s'ajoutant sans que l'effort supporté par chacune d'elles augmentât, donneraient à l'appareil plus de sensibilité ; mais la multiplicité des articulations pourrait peut-être nuire à l'exactitude, et il nous semble que, dans les proportions adoptées, il est facile d'avoir un instrument qui donne des indications suffisamment approchées.

8. *Moyen d'éviter que les ressorts ne soient forcés.* Le plus grand effort que le ressort doive supporter, étant connu par la condition que la flexion correspondante ne dépasse pas le dixième de la longueur des lames, on évitera que, par un acoup, il ne puisse être forcé, en fixant à la griffe postérieure *c* une bride d'arrêt suffisamment forte, contre laquelle la lame antérieure vienne s'appuyer, quand la tension atteint son maximum.

9. *Lames de ressort isolées.* Tout ce que nous avons dit sur la forme des ressorts peut s'appliquer à des lames dynamométriques isolées à une ou à deux branches. C'est ce que nous avons fait en 1834 pour la construction d'un dynamomètre de rotation, que nous avons employé à l'exécution d'expériences sur le frottement des axes de rotation*, et dont nous donnerons plus loin la description.

10. *Résultats d'expérience sur les dynamomètres.* Les principes que

* Nouvelles expériences sur le frottement des axes de rotation, sur la variation de tension des courroies ou cordes sans fin employées à la transmission du mouvement sur le frottement des courroies à la surface des tambours, faites à Metz en 1834 ; à Paris, chez Carilian-Gœury.

nous avons rappelés et les proportions que nous avons indiquées dans les numéros précédens, ont été appliqués à la construction de sept dynamomètres de diverses forces, et les résultats que nous avons annoncés, ont été obtenus et vérifiés en présence de plusienrs ingénieurs et du comité des arts mécaniques de la société d'encouragement. Nous les indiquons avec les dimensions principales des lames dans le tableau suivant :

Tableau des dimensions et des flexions de plusieurs dynamomètres.

FORCE maximum des lames.	LARGEUR des lames.	LONGUEUR de chaque branche.	ÉPAISSEUR des lames à la partie encastrée.	ACCROISSEMENT d'écartement des lames pour 10 kilogrammes.	ACIER employé.
	m	m	m	m	
100	0,020	0,250	0,0045	0,00520	Acier fondu
200	0,030	0,250	0,0079	0,00276	Acier fondu
200	0,030	0,250	0,0079	0,00307	Acier fondu
400	0,040	0,300	0,0135	0,00135	Acier fondu
300	0,040	0,411	0,0147	0,00265	Acier d'Allemagne
600	0,040	0,312	0,0147	0,00125	Acier d'Allemagne
1000	0,050	0,500	0,0211	0,00102	Acier d'Allemagne

Quant aux dimensions du profil des lames, elles ont été déterminées par la formule du n° 5, qui a donné les résultats suivans.

FORCE maximum des lames	VALEURS DE L'ORDONNÉE y CORRESPONDANTES A DES VALEURS DE x ÉGALES A									
	0m,01.	0m,02.	0m,05.	0m,10.	0m,15.	0m,20.	0m,25.	0m,30.	0m,411	0m,50.
	m	m	m	m	m	m	m	m	m	m
100	0 00125	0 00213	0,0027	0,0038	0,0047	»	»	»	»	»
200	0,0015	0,0035	»	0,0050	0,0061	0,0070	0,0079	»	»	»
400	0,0025	0,0055	0,0055	0,0078	0,0095	0,0110	0,0123	0,0135	»	»
300	0,0023	0,0032	0,0051	0,0073	0,0089	0,0105	0,0119	0,0125	0,0147	»
600	0,0023	0,0032	0,0051	0,0073	0,0089	0,0105	0,0119	»	»	»
1000	0,0030	0,0042	0,0067	0,0095	0,0116	0,0134	0,0149	0,0164	»	0,0211

11. *Observation relative à la lame de* 600[kil] *en acier d'Allemagne.* On remarquera que la lame en acier d'Allemagne de 600 kilogrammes, a la même largeur, la même épaisseur à la partie encastrée, et le même profil longitudinal que celle de 300 kilogrammes, et qu'elle n'en diffère que par la longueur de la branche ou du bras de levier de l'effort, et qu'ainsi que la théorie l'indique, les flexions de ces lames sont en raison directe du cube des bras de levier. On a adopté cette disposition, afin de pouvoir placer à volonté dans la monture de la lame de 300 kilogrammes, un autre ressort de la force de 600 kilogrammes, pour mesurer de plus grands efforts.

12. *Moyen d'obtenir une trace permanente des flexions du ressort.* Pour satisfaire à la seconde des conditions que nous avons posées au n° 2, nous avons réalisé une idée, qui nous a été suggérée par le savant M. Poncelet, et qui consistait à armer la lame antérieure d'un style, qui laissât, sur une surface mobile, suivant une loi connue, une trace de toutes les flexions des lames. Nous y sommes parvenu par plusieurs moyens qui nous sont propres et qui ont varié selon la nature et le but des expériences. Voici celui auquel nous nous sommes arrêté en dernier lieu comme le plus commode dans l'exécution, et le plus propre à un grand nombre de recherches.

La griffe antérieure *d* est percée d'un trou taraudé, que traverse une vis suivant l'axe de laquelle peut glisser à frottement doux, un tuyau en cuivre garni à sa partie inférieure d'une douille tronconique à vis, dans laquelle on ajuste un petit pinceau. On remplit le tube d'encre de chine délayée à la consistance convenable, et on ferme son extrémité avec un petit bouchon métallique. Un petit trou percé au haut et sur le côté du tube, permet à l'air d'y pénétrer à mesure que l'encre s'écoule par le bas. Lorsque le pinceau est bien lavé, convenablement serré dans la douille, la capillarité suffit pour produire une alimentation constante et régulière de la pointe du pinceau.

On objectera peut-être que, dans les variations de la tension du ressort, la pointe du pinceau s'infléchissant, pourrait occasionner des erreurs sur l'appréciation de ces efforts. Mais on remarquera que la pointe du pinceau prend la direction de la résultante des vitesses du papier et de la lame dans ces oscillations, et que cette dernière étant généralement beaucoup plus petite que la première, l'erreur à craindre est très-faible. Au surplus, on peut remplacer le pinceau par un crayon de mine de plomb, mais nous préférons le premier moyen à cause de la netteté de ses indications.

La partie supérieure du tube porte un épaulement au-dessous

duquel s'interpose un petit ressort à boudin, qui tend à relever le pinceau. Une bascule *e* (Fig. 1 et 2, Pl. I), garnie d'un ressort d'arrêt, permet au contraire d'abaisser ce tuyau, en comprimant le ressort à boudin, lorsqu'on veut obtenir la trace de la pointe du pinceau.

Si l'on employait un crayon pour style, on pourrait disposer la bascule, de manière à laisser retomber le crayon dont on augmenterait le poids autant qu'il serait nécessaire, et à le relever à la fin de chaque expérience.

Pour recevoir la trace du style, une bande de papier enroulée sur un cylindre *f* servant de magasin, passe sur un deuxième cylindre *g*, placé immédiatement au-dessous du style, et dont l'axe est parallèle à la ligne décrite par la pointe du pinceau. Il suit de là que le papier ne peut fléchir sous l'action du vent ou sous son propre poids.

La feuille de papier s'enroule d'elle même sur un troisième rouleau *i* qui sert de récepteur.

On trouve dans le commerce, à bas prix, des papiers blancs faits à la mécanique, destinés à la tenture, en rouleaux de 9 mètres de longueur. On roule ces feuilles sur un mandrin cylindrique, et on les coupe au tour très-facilement à la longueur des cylindres, de sorte que le papier a partout la même dimension.

Il serait, au besoin, très-facile de tirer des fabriques des papiers beaucoup plus longs ou de coller deux ou plusieurs bandes les unes au bout des autres.

On conçoit facilement que le style étant, à l'aide de la bascule *e* et de la vis, amené au contact de la feuille de papier, la pointe du pinceau *y* décrira une courbe qui sera la trace permanente des flexions des lames et par conséquent des efforts exercés.

Un second style *k*, fixé à la griffe postérieure *c*, et par conséquent immobile, trace sur le papier une ligne, qui correspond à un effort nul ou à la position des lames au repos, et donne ainsi le zéro des efforts; de sorte que l'effort exercé est toujours mesuré par l'écartement de la courbe à cette ligne du zéro.

13. *Manière de faire mouvoir le papier qui reçoit les traces du style.* Le mouvement du transport, perpendiculaire à la direction des efforts, peut être communiqué à la bande de papier de plusieurs manières, selon le but que se propose l'expérimentateur et les machines sur lesquelles il opère. Ainsi pour les observations sur les voitures et sur les charrues à avant-train, marchant à une vitesse périodique et à peu près uniforme, le mouvement se prend sur le moyeu d'une des roues de devant par une corde sans fin et des poulies de renvoi. En proportion-

nant convenablement cette transmission de mouvement, facile à placer sur toutes les voitures, on peut tracer avec des bandes de 9 mètres des courbes de flexion correspondantes à des étendues de chemin de 4, 5 et 600 mètres, ce qui est bien suffisant pour des expériences sur le tirage des voitures et des charrues.

Mais, pour les charrues sans avant-train et pour les bateaux, il serait peu commode, fort assujettissant et souvent impraticable de prendre le mouvement sur des points fixes; il faut employer un autre moyen qui consiste en un moteur chronométrique dont le mécanisme, analogue à celui des tournebroches, peut être muni d'une fusée et d'un volant à ailettes pour obtenir une régularité suffisante dans le mouvement. Un des axes de ce moteur est mis en communication avec l'arbre du cylindre distributeur du papier, qui alors se développe sous le style d'un mouvement uniforme.

En ajoutant à la monture un troisième style *l*, que l'on fait manœuvrer soit à la main, soit, pour les voitures, par un mécanisme facile à concevoir, on peut, en employant le moteur chronométrique, indiquer sur le papier les chemins parcourus.

14. *Disposition pour communiquer au papier un mouvement de transport régulier.* On voit donc qu'en prenant pour moteur l'une des roues de la voiture ou un appareil chronométrique, on peut, à volonté, obtenir un mouvement régulier en rapport constant, soit avec l'espace parcouru soit avec le temps. Mais si ce mouvement était transmis directement à l'arbre du cylindre récepteur dont le papier, en s'enroulant, augmente le diamètre extérieur, il s'ensuivrait que, bien que le mouvement du cylindre fût uniforme, celui de transport de la bande de papier s'accélérerait sans cesse. Il est facile d'éviter cet inconvénient de plusieurs manières, et parmi celles que nous avons essayées et proposées, la plus simple et la plus exacte est la suivante.

Le mouvement est transmis à un cylindre intermédiaire *n* sur lequel s'enroule un fil de soie, qui y est fixé par un bout, tandis que son autre extrémité est attachée à une fusée conique *m*, montée sur l'axe du récepteur. Les diamètres de cette fusée sont calculés, de façon que le mouvement du cylindre moteur *n* étant uniforme, celui du récepteur *g* se ralentit en raison directe de l'accroissement de son diamètre extérieur par l'enroulement du papier. Le calcul des dimensions de la fusée est très-facile. En effet, si l'on dispose près du cylindre récepteur un ressort de pression, qui occasionne une résistance constante au déroulement du papier, il s'ensuivra que, pour un nombre de tours donné, l'accroissement du diamètre du récepteur *g* sera toujours le même, et que, par une observation préalable, il sera toujours aisé de connaître le diamètre extérieur du récepteur correspondant à l'enroulement des neuf mètres de la bande de papier. Par exemple, sur un rouleau d'un diamètre de $0^m,051$, cette longueur s'enroule en 45 tours et donne un diamètre extérieur de $0^m,058$.

Si les diamètres de la fusée sont égaux à ceux du récepteur avant et après l'enroulement, ou s'ils leur sont toujours proportionnels, il est clair que la longueur de papier qui se développera sera toujours la même, ou dans un rapport constant avec la longueur de fil développé, et par conséquent avec l'espace parcouru ou avec le temps.

On pourrait objecter que la régularité de ce mode de transmission repose sur la supposition qu'on emploiera toujours du papier de même épaisseur. Or, c'est en effet ce qu'il est très-facile d'obtenir dans le commerce, par la grande variété des fabrications et en achetant les rouleaux au poids. Il est d'ailleurs clair que de petites différences d'épaisseur pourront facilement être compensées par une tension plus ou moins grande du ressort modérateur, qui ferait alors serrer plus ou moins le papier sur le récepteur.

15. *Dynamomètre à style et à plateau tournant.* Dans nos expériences sur le frottement où le chemin parcouru n'était que de quelques mètres, et dans d'autres recherches, où il ne s'élevait qu'à 80 ou 100 mètres au plus, nous avons employé, pour recevoir les traces du style, un plateau, mobile autour d'un axe, sur lequel on collait une feuille de papier.

Les courbes tracées par le style, se recroisaient à plusieurs reprises, mais elles pouvaient encore se relever assez facilement à l'aide d'un rapporteur particulier. Ce dispositif est représenté (Pl. I, Fig. 3 et 4), mais il ne convient que pour des circonstances analogues à celles pour lesquelles il a été fait.

16. *Observation sur la quadrature des courbes tracées.* D'après cette description sommaire, on voit donc que le papier se déroulant sous le style, dans le premier dispositif avec une vitesse qui est dans un rapport constant avec le chemin parcouru, les longueurs de papier représenteront ces chemins à une certaine échelle, connue par ce rapport, et que dans le second dispositif, il passe des longueurs égales de papier dans des temps égaux; de sorte qu'alors ces longueurs représenteront les temps écoulés à une échelle connue. Il est donc évident que l'aire comprise entre la courbe des flexions et la ligne du zéro ou des abscisses, exprimera, dans le premier cas, la quantité d'action ou de travail développée, pendant l'espace considéré, et dans

le second cas, le produit des efforts par leur durée ou la quantité de mouvement développée dans le temps écoulé pendant l'expérience. Puis, si l'on divise cette aire par la longueur totale de la ligne des abscisses, on aura, dans les deux cas, l'effort moyen qui, dans le premier, produirait la même quantité de travail, et dans le second la même quantité de mouvement.

17. *Relèvement des courbes*. Pour faire la quadrature de ces courbes par les méthodes connues, il faut mesurer les valeurs des ordonnées correspondantes à des abscisses équidistantes. C'est ce qui s'exécute très-facilement et avec promptitude, à l'aide d'une glace divisée dans le sens de la longueur en centimètres et dans celui de la hauteur en millimètres. En la posant par sa face divisée sur la bande de papier étendue sur une table, on lit de suite les valeurs de l'ordonnée.

On remarquera qu'attendu la périodicité des variations des efforts, lorsqu'il s'agit des voitures ou des bateaux traînés par des chevaux marchant à des allures réglées et le grand nombre de valeurs de ces efforts, il suffira presque toujours de prendre la moyenne arithmétique des valeurs obtenues pour avoir la valeur moyenne.

18. *Manière de se dispenser du relèvement des courbes*. Mais de ce qui précède, il résulte une conséquence qui dispense de tout relèvement, et met cet instrument à la portée des personnes le moins versées dans le calcul. En effet, si l'on conçoit que, parallèlement à la ligne du zéro, on mène une ligne équidistante, correspondante à la plus grande tension du ressort, à $0^m,070$, par exemple, la bande, de largeur uniforme, représenterait une certaine quantité d'action ou de mouvement connue, et cette quantité serait évidemment à celle qui correspond à la courbe tracée comme l'aire du rectangle de $0^m,070$ de hauteur, est à celle de la partie comprise entre la courbe et la ligne du zéro, ou encore, attendu l'égalité de longueur des deux surfaces, l'effort correspondant à $0^m,070$ de flexion du ressort est à l'effort moyen exercé par le moteur, comme l'aire du rectangle est à celle de la partie comprise entre la courbe et la ligne du zéro.

Mais le papier employé étant fait à la mécanique, et ce procédé donnant une grande uniformité d'épaisseur à la même feuille, les deux surfaces à quarrer sont entr'elles comme leurs poids. Si donc, on pèse la bande de $0^m,070$ de hauteur, puis qu'on découpe la courbe tracée et qu'on pèse la partie comprise entre cette courbe et la ligne du zéro, on aura cette autre proportion :

Le poids de la bande de $0^m,070$ de largeur est au poids de la partie comprise entre la courbe et la ligne du zéro, comme l'effort correspondant à $0^m,070$ est à l'effort moyen du moteur.

Ainsi, par exemple, si l'on a employé le ressort de 600 kilogrammes pour lequel un accroissement de flexion de $1^{mill},25$ correspond à un effort de 10 kilog. ou 70 millimètres à 560 kilog., en appelant
P le poids de la bande de $0^{m},070$ de largeur,
p le poids de la partie comprise entre la courbe et la ligne du zéro,
F l'effort moyen cherché, on aura

$$F = 560 \frac{P}{p} \text{ kilogrammes.}$$

Pour chaque instrument on donnerait de même le nombre de kilogrammes correspondant à une flexion de $0^{m},070$ et alors la recherche de l'effort moyen se réduirait à celle du quatrième terme d'une proportion.

Cette méthode simple et exempte de *tout calcul* est d'une exactitude bien supérieure aux besoins de la pratique et qui dépasse même ce que l'on pouvait en espérer. Des relèvemens faits successivement par les deux procédés indiqués ont donné des valeurs de l'effort moyen qui s'accordent à $\frac{1}{100}$ près.

19. *Appareil pour totaliser la quantité d'action ou de mouvement développée pendant un intervalle de chemin ou de temps considérable.* L'instrument avec son style et avec des feuilles de papier d'une longueur usuelle de neuf mètres pouvant servir pour des espaces parcourus de 500 mètres et plus, selon les rapports que l'on établira entre les renvois de mouvement, ou pendant environ une heure avec le moteur chronométrique, il est évidemment suffisant pour des expériences d'étude sur le tirage des voitures, les chemins de fer, le halage des bateaux, le tirage des charrues, etc. Mais lorsqu'il s'agira d'observer les quantités d'action développées par les divers moteurs animés, dans un travail suivi et continu pendant toute une journée, ou quand on voudra parcourir sur des routes ou sur des chemins de fer des étendues considérables, et qu'on ne voudra ou ne pourra pas s'arrêter pendant les expériences, on sent que ce dispositif ne suffirait plus, et qu'il faut avoir un moyen commode de totaliser les quantités d'action ou de mouvement dépensées, c'est le but que nous avons atteint à l'aide du compteur que nous allons décrire, et dont le principe est encore dû à M. Poncelet, qui nous l'a communiqué.

La griffe postérieure C (Fig. 5) est traversée par un axe de rotation sur lequel est vissé un plateau B de $0^{m},076$ de rayon placé au-dessus des lames et qui reçoit à sa partie inférieure une poulie D, à laquelle le mouvement est transmis, soit pour les voitures, par une corde sans fin entourant le moyeu d'une des roues, soit pour les bateaux, par un moteur chronométrique. Un support E faisant corps avec la griffe antérieure *d* soutient un compteur qui, par conséquent suit tous les mouvemens de flexion de la lame antérieure.

La pièce principale de ce compteur est une roulette F, de $0^{m},050$ de diamètre, montée sur un axe qui est parallèle au plateau B et à la direction des efforts de traction, quand le compteur est abaissé. Cette roulette repose sur le centre du plateau, quand le ressort n'est pas tendu, ou quand les griffes se touchent et par conséquent elle reste alors immobile, si le plateau tourne. Mais quand le ressort est tendu la roulette suivant le mouvement de la griffe antérieure *d*, s'éloigne du centre, et par conséquent elle reçoit du plateau un mouvement de rotation sur son axe, d'autant plus rapide que l'effort exercé est plus grand et que le plateau marche plus vite.

D'après cet aperçu la théorie de cet appareil est facile à établir. En effet, en nous occupant d'abord des voitures avec lesquelles le mouvement du plateau se prend sur l'une des roues et se trouve ainsi dans un rapport constant avec le chemin parcouru, si nous appelons,

r la distance en mètres de la roulette au centre du plateau, sous l'effort de traction F exprimé en kilogrammes,

ρ le rayon de la roulette,

e le chemin parcouru en $1''$ par la voiture dans le sens du tirage,

R le rayon de la roue sur laquelle on prend le mouvement,

$n = \frac{e}{2\pi R}$ le nombre de tours de la roue correspondant au chemin e,

$k = \frac{F}{r}$ le rapport des efforts aux flexions mesurées,

N le nombre de tours de la roulette en $1''$ ou pour le chemin e,

R' le rayon du moyeu de la roue sur laquelle se prend le mouvement du plateau,

r' le rayon de la poulie du plateau,

ce plateau fera évidemment un nombre de tours égal à $\frac{R'}{r'}$ pour un tour de la roue ou bien

$$\frac{e}{2\pi R} \times \frac{R'}{r'}$$

tours pour le chemin e parcouru dans le sens du tirage.

La roulette fera $\frac{r}{\rho}$ tours pour un tour du plateau ; on aura donc

$$N = \frac{e}{2\pi R} \times \frac{R'}{r'} \times \frac{r}{\rho}$$

pour le nombre de tours de la roulette correspondant au chemin e sous l'effort de traction F.

Mais on a

$$k = \frac{F}{r}, \qquad \text{d'où} \qquad r = \frac{F}{k},$$

et par suite

$$N = \frac{R'}{2\pi R r' \rho k} \times Fe,$$

d'où

$$Fe = \frac{2\pi R r' \rho k}{R'} \times N.$$

Or le facteur $\frac{2\pi R r' \rho k}{R'}$ n'étant composé que de quantités constantes, dépendantes des proportions adoptées pour les rayons et de l'élasticité du ressort, il s'ensuit que le nombre N de tours faits par la roulette, pendant que la voiture aura parcouru l'espace e, est dans un rapport constant avec le travail développé et que ce facteur étant une fois calculé pour un dynamomètre et pour la voiture à laquelle on l'applique, il suffira de le multiplier par le nombre de tours N de la roulette, pour en déduire la quantité d'action développée par le moteur.

S'il s'agissait d'un bateau sur lequel le mouvement fût communiqué au plateau B par un moteur chronométrique avec une vitesse uniforme connue; en appelant

t la durée d'un tour du plateau en secondes,

T la durée totale de l'observation,

$\frac{T}{t}$ sera le nombre de tours du plateau pendant l'observation et $\frac{T}{t} \cdot \frac{r}{\rho} = N$ sera le nombre de tours de la roulette pendant le même temps, et à cause de

$$r = \frac{F}{k},$$

on aura

$$FT = t\rho k N.$$

Le tour t étant observé au commencement de l'expérience, ρ et k étant connus, on voit encore que la quantité de mouvement FT développée par le moteur dans le temps T est proportionnelle au nombre N de tours faits par la roulette dans le même temps.

20. *Dispositif pour obtenir des indications des nombres de tours faits par la roulette.* Cela posé, il ne nous reste plus qu'à indiquer comment le compteur permet de noter sans arrêter le mouvement et sans regarder le nombre de tours de la roulette.

L'arbre *a* de cette roulette (Fig. 6 et 7) porte une vis sans fin *b*, qui engrène avec un pignon *c*, à un axe vertical de 25 dents et le pas de la vis étant égal à celui de l'engrenage, il passe une dent du pignon pour chaque tour de la roulette, ou le pignon fait un tour pour 25 tours de la roulette. L'arbre du pignon porte un autre pignon *d* de 10 dents, qui conduit une roue *e* de 40 dents, laquelle ne fait par conséquent qu'un tour pour quatre tours du pignon ou pour 100 tours de la roulette. Sur l'arbre de cette roue est un premier limbe *f* en émail divisé en 100 parties, dont chacune correspond par conséquent à un tour de la roulette. Le même arbre transmet par un pignon et une roue intermédiaire son mouvement à un second limbe *g*, émaillé, divisé en 100 parties, qui fait un tour pour 50 tours du premier limbe, ou par conséquent pour 5000 tours de la roulette, et dont chaque division correspond à 50 tours de la roulette. Le 1er limbe sert à compter les tours et dixaines de tours de la roulette et le second les centaines de tours.

Mais il faut avoir un moyen de marquer sur ces limbes le nombre de divisions, qui ont passé dans un intervalle donné. A cet effet un petit pont *h*, placé au-dessus des deux limbes, est percé de deux trous tronconiques, correspondans aux cercles divisés et dans la direction de la ligne des centres. Deux petits tire-lignes *i* et *k* traversent ces godets et sont tenus ordinairement à distance des limbes par un ressort qui les relève, mais peuvent être amenés au contact par une pression ou un coup léger donné sur le bouton *l*. Les godets sont remplis d'encre grasse, faite avec du noir d'ivoire et de l'huile d'horloger et les tirelignes, qui s'en chargent, en les traversant, marquent simultanément sur les limbes des points noirs, qui se correspondent et se trouvent sur le prolongement de la ligne des centres. Il suit de là qu'il ne peut jamais y avoir de confusion entre les points marqués sur les limbes, parce que ceux qui l'ont été à un même instant doivent se trouver ensemble sous les styles. On peut donc multiplier les observations pendant une même expérience et, par exemple sur une route marquer les nombres de tours de kilomètre en kilomètre ou de lieue en lieue.

Le compteur est renfermé dans une boîte (Fig. 7) qui le met à l'abri de la poussière et de la pluie, et pour empêcher que les cahots ne fassent sauter l'instrument et n'interrompent le mouvement de la roulette, deux ressorts *m*, placés sur les côtés, pressent la boîte sur le plateau ou plutôt sont ajustés de manière à s'opposer à tout soulèvement. On peut à volonté relever le compteur et l'accrocher à un arrêt *n*, lorsqu'une expérience est terminée ou n'est pas commencée.

Enfin par une disposition de vis de rappel et de mouvemens qu'il est superflu de détailler on amène facilement la roulette au centre du plateau, lorsque le ressort est débandé.

21. *Observation sur l'étendue de chemin que l'on peut parcourir avec cet appareil.* On conçoit d'ailleurs que moins le plateau fera de tours par tour de roue ou par seconde, et plus le ressort sera raide, plus la roulette marchera lentement, et, comme on est maître de faire varier ces rapports entre des limites très-étendues, on pourra toujours disposer les choses de manière que les 5 000 tours de la roulette, correspondans à une révolution entière du second limbe, ne soient accomplis qu'au bout de plusieurs lieues ou de plusieurs heures.

Avec la lame de 600 kilogrammes et quatre chevaux attelés à une diligence pesant 5 000 kilogrammes, on pourrait, sur une route en très-bon état, observer la quantité d'action développée par les chevaux pendant huit ou dix lieues. Et, comme le compteur ne marche que quand le ressort est tendu, on voit de suite que si, par une circonstance quelconque, les chevaux cessaient d'agir pendant un moment, l'appareil en tiendrait compte. On peut donc arrêter, pour laisser reposer les chevaux, et repartir quand l'on veut sans toucher à l'instrument.

22. *Utilité de cet appareil pour estimer la quantité de travail développée dans une journée par les moteurs animés.* On voit de suite combien cet appareil sera commode pour déterminer, avec plus de précision qu'on ne l'a fait jusqu'ici la quantité d'action ou de travail développée par les moteurs animés employés au tirage des voitures, des charrues, dans les manéges, et par suite pour leur achat.

23. *Dynamomètre de rotation.* Les principes et les dispositions précédentes, relatives aux dynamomètres employés au tirage des voitures, peuvent, avec quelques modifications fort simples, s'appliquer à la mesure des efforts transmis à des axes de rotation. Déjà en 1834 nous en avons fait usage avec succès, pour mesurer l'effort transmis par une courroie à une poulie. Nous allons décrire succinctement un petit appareil de ce genre, tout à fait analogue.

Sur l'arbre MN (Fig. 5, 6 et 7) d'un métier, par exemple, concevons une poulie folle AB, qui reçoive le mouvement par une courroie, et vis-à-vis cette poulie un manchon fixe CD concentrique et solidaire avec l'arbre, vers l'extrémité D duquel une lame de ressort EF est implantée et dirigée à peu près dans le sens d'un rayon. Une cheville G, placée sur l'un des bras de la poulie et qui traverse une bague ménagée à l'extrémité du ressort, fait fléchir celui-ci, quand la poulie tourne, jusqu'à ce que l'effort exercé soit suffisant pour entraîner l'arbre MN et les machines qu'il conduit. Si la puissance et la résistance sont constantes, la flexion du ressort qui les mesure, l'est aussi; si au contraire ces forces varient, les oscillations de la lame en suivent toutes les périodes et la flexion de la lame étant évidemment la mesure des efforts transmis à la poulie à la courroie et celle de la résistance du métier, il ne s'agit plus que d'en obtenir une trace permanente; c'est à quoi l'on parvient de la manière suivante:

Sur le manchon fixe CD, glisse à frottement doux, dans le sens de l'axe, un manchon mobile KL, qui porte deux branches de support *o* et *o'*, bifurquées à leurs extrémités, pour recevoir un axe de rotation parallèle à MN. A l'une des extrémités de cet arbre est un plateau plan *ab*, sur lequel on colle une feuille de papier, et à l'autre est une roue d'engrenage *cd*. Une chaîne de Vaucanson sans fin, enveloppe cette roue, et le pignon *h* placé sur un autre axe parallèle au premier, et à celui de l'arbre MN placé dans un plan perpendiculaire à celui des branches de support *o* et *o'*. Sur ce dernier arbre, est une autre roue dentée *g* enveloppée aussi par une chaîne de Vaucanson, qui entoure un anneau denté *ef* monté à frottement doux sur le manchon mobile, et qui peut être rendu fixe dans l'espace, quand tout le système tourne; ce qui se fait au moyen d'une ficelle attachée à l'une des oreilles annulaires *e* ou *f* et à un point fixe. De la sorte, la roue intermédiaire *g* ayant un diamètre égal à une fois et demie celui de l'anneau mobile, son axe ne fera que deux tours pour trois tours de l'arbre. Le pignon *h*, ayant un diamètre égal à $\frac{1}{5}$ de celui de la roue *cd*, l'arbre de celle-ci ne fera qu'un tour par tour de la roue *g*, ou $\frac{2}{15}$ de tour par tour de l'arbre. Par conséquent le plateau, qui doit recevoir les traces du style, ne fera que le même nombre de tours, et l'une de ses révolutions correspondra à 7,5 tours de l'arbre. Comme on peut, sans confusion, tracer des courbes de flexion pendant quatre révolutions au moins, il s'ensuit que l'on pourra observer les efforts exercés pendant trente tours au moins de l'axe MN, et, par conséquent, déterminer exactement toutes les circonstances du mouvement.

Lorsque les efforts à mesurer sont grands, on peut employer simultanément deux ressorts et deux plateaux, et de la somme des flexions on déduit l'effort total exercé à la circonférence de la poulie. Il faut encore ici éviter que les ressorts ne puissent être forcés en dépassant les limites de flexion correspondantes à leur élasticité. On y parvient facilement en ménageant sur le manchon fixe des arrêts contre lesquels viennent s'appuyer les talons réservés au moyeu de la poulie, lorsque les ressorts ont atteint une flexion égale à $\frac{1}{1}$ ou $\frac{1}{9}$ de leur longueur.

Les lames de ressort peuvent, à volonté, se changer et être remplacées par d'autres plus raides ou plus flexibles, selon l'intensité des efforts à mesurer.

On conçoit que cet appareil s'appliquerait à une roue d'engrenage, comme à une poulie, et qu'alors on peut, avec son secours, pendant qu'une machine fonctionne, mesurer la portion de la puissance motrice qu'elle consomme, et connaître ainsi, dans une usine qui contient un grand nombre de métiers ou de machines différentes, quelle est la répartition qui se fait entr'elles de la force totale. Ce résultat, qui nous paraît d'une grande importance pour l'industrie, n'avait encore été obtenu jusqu'à ce jour, par aucun des appareils connus.

24. *Modifications que l'on peut apporter à cet appareil selon ces besoins.* On pourrait remplacer les plateaux, par un système de cylindres analogues à ceux que nous avons décrits au n° 14, et qui recevraient une bande de papier assez longue pour pouvoir continuer l'expérience pendant plus long-temps qu'on ne peut le faire avec les plateaux, sans craindre la confusion des traces. Le mouvement de l'arbre se communiquerait aux cylindres d'une manière analogue à celle que nous venons de décrire.

Pour des machines puissantes, dont on voudrait mesurer le travail pendant un long espace de temps, on pourrait adapter, à ce dynamomètre de rotation, un compteur semblable à celui du n° 19.

Enfin si l'anneau *ef*, au lieu d'être immobile dans l'espace, avait un mouvement propre qui lui fût communiqué par un appareil chronométrique, la trace des flexions obtenues serait une courbe qui représenterait l'ensemble de toutes les circonstances du mouvement pour les efforts, les temps et les espaces correspondans.

25. *Disposition pour monter le dynamomètre sur des arbres de différentes dimensions.* Les dimensions des arbres de rotation et des poulies motrices, variant à l'infini, on peut éviter la sujétion d'avoir autant d'instrumens que de machines, en laissant au vide intérieur de la poulie et du manchon fixe, une ouverture suffisante pour le

passage de presque tous les arbres des machines du même genre, ou de proportions peu différentes. Le manchon fixe se centre alors sur les arbres avec des vis, et on rapporte, dans le moyeu de la poulie, un centre en plomb, dont l'ouverture intérieure est exactement celle de l'arbre sur lequel on veut opérer.

Quant à la surface extérieure de la poulie, on peut facilement rapporter sur sa circonférence extérieure, des jantes plus ou moins épaisses, pour amener son diamètre extérieur à être le même que celui de la poulie, qui conduit ordinairement la machine.

Par ces moyens, pour avoir dans un atelier de construction un système complet de dynamomètres de rotation, il suffirait d'en établir de deux ou trois proportions différentes seulement, avec lesquels on pourrait opérer sur toutes les machines.

26. *Application des mêmes principes aux machines à vapeur.* Il est aussi très-facile d'appliquer le principe de nos dynamomètres aux machines à vapeur, pour connaître la pression de la vapeur dans le cylindre, à un instant quelconque de la course du piston. En effet, si l'on fixe au chapeau de la machine un petit tube droit ou recourbé, selon la position du cylindre, et que dans ce tube allésé, on introduise un petit piston, il est clair que, si ce piston est lié à une lame dynamométrique, les flexions de cette lame, soit de dedans en dehors, soit de dehors en dedans, donneront la mesure de la pression de la vapeur à un instant quelconque. Cet appareil est celui que Watt employait sous le nom d'indicateur de la pression, mais il en observait la marche à l'aide d'une échelle des flexions, moyen incertain et peu commode, tandis qu'en adaptant à ce piston un style, et plaçant au-dessous un système de cylindres, qui conduisent une feuille de papier sur laquelle la puissance trace la courbe des flexions, on aura les variations de la pression, les effets de la détente et ceux de la condensation, avec toute la précision désirable.

Il est d'ailleurs évident que si l'on veut prolonger l'expérience pendant long-temps, il serait très-facile d'adapter ici le compteur décrit au n° 19, pour obtenir la quantité d'action totale développée dans un jour, sur le piston d'une machine à vapeur.

Nous croyons que l'usage de cet instrument serait propre à jeter un grand jour sur la théorie encore incomplète des machines à vapeur, et des essais déjà tentés nous ont montré qu'il remplirait parfaitement son but.

27. *Conclusion.* En résumé, on voit donc que les appareils décrits dans cette notice, permettent d'obtenir des indications permanentes de tous les efforts exercés, ou des quantités de travail développées par les moteurs animés ou inanimés dans le mouvement des machines, que ces indications sont fournies par les moteurs eux-mêmes, ce qui les met à l'abri de toute altération provenant de la volonté de l'homme. Nous avons ainsi vérifié cet adage de la science que nous avons pris pour épigraphe : *La nature parle à ceux qui savent l'interroger*, et nous sommes parvenus, ainsi que nous l'avons dit au Congrès scientifique de Metz, à faire écrire et compter les animaux.

NOTE SUR LES DIVERS DISPOSITIFS DE MONTAGE DES DYNAMOMÈTRES A EMPLOYER DANS DIFFÉRENS CAS.

28. *Dynamomètre appliqué aux charrues avec avant-train.* Lorsqu'il s'agit d'expériences sur le tirage des charrues avec avant train, l'instrument se fixe au devant de la fourchette de l'avant-train (Pl. I, Fig. 8), par l'intermédiaire d'une pièce en fer *mn*, maintenue par deux boulons *a* et *b*. Une patte *cd* est liée à la platine *mn* par deux boulons. Afin de pouvoir faire tracer à la charrue des sillons de différentes largeurs, on a percé sur la longueur de la platine *mn*, qui est parallèle à l'axe de l'essieu, des trous, qui sont deux à deux perpendiculaires à sa direction.

Le cylindre moteur du dynamomètre reçoit le mouvement de la roue, par l'intermédiaire de deux poulies doubles *e*, *f*, qui changent la direction d'une corde de boyaux, enveloppée sur l'une des gorges du moyeu ou sur un anneau à vis de centrage, qu'on y fixe. Cette corde entoure une poulie *g*, sur l'axe de laquelle est une autre poulie *h*, plus petite, qui, par une seconde corde sans fin, transmet le mouvement à la poulie du cylindre moteur.

Selon les rapports qui existent entre les diamètres de la roue, du moyeu et ceux des poulies, dont on peut disposer, il est facile d'établir entre la vitesse de la charrue et celle de la bande de papier, telle relation que l'on veut, et par conséquent, de disposer les choses de manière à obtenir des sillons d'une grande longueur. Dans la disposition indiquée sur la figure, on pourrait tracer des sillons de 200 à 250 mètres, avec une bande de papier de 9 mètres, et il passerait environ $0^{m},023$ de papier par mètre courant de chemin parcouru. Il serait très-facile de modifier les choses de façon à tracer avec la même longueur des sillons de 4 à 500 mètres.

29. *Dynamomètre appliqué aux diligences, aux autres voitures et aux charrettes.* L'application du dynamomètre aux diligences se fait d'une manière tout à fait analogue et avec d'autant plus de facilité, que l'instrument doit être constamment maintenu dans une même direction, qui est celle des traits, quand ils sont tendus.

Une pièce en fer *a* (Fig. 8, Pl. II), se fixe à la fourchette, en arrière de la volée fixe, au moyen de ses deux pattes percées et d'un étrier *b*, qui embrasse les armons. A cette pièce, se lie, par deux boulons, la patte qui s'engage dans la griffe postérieure de l'instrument. Pour éviter que les vibrations de l'avant-train ne se transmettent à l'appareil, on dispose en avant et au-dessous de la griffe d'arrêt un taquet en bois *d*, arrêté à vis sur le timon.

Le mouvement du cylindre moteur se prend sur la roue, par un dispositif de poulies de renvoi analogue à celui que nous avons décrit au numéro précédent.

Il est facile, avec une diligence, de faire une expérience sur une étendue de 4 à 500 mètres et plus, avec une seule bande de papier de 9 mètres de longueur.

Le même mode de montage s'appliquant à toutes les voitures et charrettes, il est inutile d'entrer dans aucun détail à ce sujet.

30. *Dynamomètre appliqué aux charrues sans avant-train.* Pour les charrues sans avant-train, parmi lesquelles nous prendrons pour exemple la charrue de M. de Dombasle, on remplace le régulateur par une pièce en fer *a*, (Fig. 3 et 4, Pl. II), qui traverse la haie de la même manière, et peut, à volonté, s'élever ou s'abaisser. La partie inférieure de cette pièce est recourbée à angle droit et horizontalement, de manière à présenter une platine *c* dont la longueur est perpendiculaire à la haie.

C'est sur cette platine que se pose une seconde platine à oreilles *d*, qui porte le dynamomètre et un moteur chronométrique à ressort, analogue à un mouvement de tournebroche, qui, par une poulie *e* et une chaîne à la Vaucanson, fait marcher le cylindre moteur de l'instrument. Le dynamomètre se fixe à une patte *f*, qui fait corps avec la platine *d*.

Pour faire varier les largeurs des sillons, il est nécessaire que l'instrument puisse être transporté à des distances différentes du plan milieu de la haie. A cet effet, la platine de la pièce *ab* est fendue sur une partie de sa longueur, ce qui permet aux boulons *g*, qui la lient à la platine d, de se mouvoir perpendiculairement à la haie de toute la quantité nécessaire. Dès que ces boulons sont serrés, l'instrument a une position invariable.

Un anneau h est ménagé sur le derrière de la platine d pour l'attache de la chaîne de retraite de la charrue, dont les maillons extrêmes sont à vis, afin qu'on puisse tendre la chaîne dans les positions obliques, ce qui contribue à donner à l'appareil toute la fixité désirable.

Le moteur chronométrique communiquant au papier une vitesse de transport uniforme, mais variable, à volonté de $0^m,0045$ à $0^m,015$ en $1''$, il s'ensuit qu'avec une seule bande de papier de 9 mètres on peut opérer pendant 2000 mètres ou 600 mètres, selon les cas, si les chevaux marchent à la vitesse de un mètre en $1''$, ou ce qui revient au même, pendant $33'$ au plus.

31. *Dynamomètre appliqué aux bateaux*. Lorsqu'on veut faire des expériences sur le halage des bateaux, il faut aussi employer un moteur chronométrique. A cet effet, le dynamomètre et son moteur sont fixés sur un support a (Fig. 1 et 2, Pl. II), qui, par une tige ronde b, s'engage dans un trou pratiqué au plat bord du bateau, ou mieux dans un gros taquet fixé à ce plat bord. De la sorte, l'instrument peut suivre toutes les directions de la ligne de halage.

Le mouvement étant communiqué au papier par l'appareil chronométrique, les longueurs passées sous le style représenteront les temps, et comme il peut être nécessaire d'y joindre l'indication des espaces parcourus, c'est alors que le troisième style du dynamomètre sera très-utile, puisqu'en passant devant des objets fixes sur la rive, on pourra pointer sur la feuille l'instant de ce passage. On aura donc ainsi sur la même bande, par une courbe continue, l'indication des efforts et des temps correspondans et par points celles des espaces parcourus.

32. *Dispositif pour mesurer l'effort exercé par des chevaux pour retenir une voiture*. Une douille ab (Fig. 9, Pl. II), s'emmanche sur le bout du timon et s'y fixe par des vis de pression c, et par des clefs de calage. Sa partie supérieure forme une chappe, qui reçoit deux poulies dont le plan est parallèle au timon et de $0^m,10$ environ de diamètre à la gorge. Chacun des bouts d'une corde, dont le milieu est fixé à l'anneau du dynamomètre placé sur l'avant-train, vient passer dans l'une de ces poulies, et s'attache au collier ou à l'anneau du poitrail du harnais. Il résulte de cette disposition que chacun des chevaux, en retenant, tend un des brins de la corde et que la somme des tensions mesurée par le dynamomètre, indique celle des composantes de l'effort exercé dans le sens du mouvement de la voiture.

Par ce dispositif très-simple, l'instrument peut fonctionner successivement dans les descentes par les cordes de retraite, et dans les montées par les traits. Le pinceau de pointage permet d'ailleurs d'indiquer facilement les traces qui appartiennent à chaque période. Cet appareil appliqué à une diligence a parfaitement fonctionné.

Nous pensons que ces détails sur les dispositions de montage, adoptées pour les expériences variées que l'on peut avoir à faire sur les divers véhicules ou machines, sont plus que suffisans pour indiquer la marche à suivre pour tous les autres cas qui pourraient se présenter, et nous terminerons cette notice par l'indication de quelques précautions à prendre pour assurer le succès des expériences et la netteté des indications.

33. *Vérification des lames.* Nous ne croyons pas devoir parler en détail de la vérification de la tare des lames dynamométriques, c'est une opération préalable de rigueur, qui doit être faite en suspendant des poids à l'instrument et en mesurant ces flexions, à l'aide d'un compas à coulisse donnant les dixièmes de millimètre. Nous recommanderons seulement de ne faire cette vérification qu'avec la griffe d'arrêt, afin d'éviter que quelque maladresse dans la pose des poids n'occasionne des oscillations qui, en dépassant les limites fixées, seraient susceptibles d'altérer l'élasticité de la lame.

34. *Du style.* Si l'on emploie pour style un pinceau alimenté d'encre de Chine, contenue dans un tube, ainsi que nous l'avons fait ordinairement, il faut, avant et après chaque reprise des expériences, laver ce pinceau, en le pressant et en le roulant dans les doigts, pour éviter que les petits conduits capillaires, qui existent entre les poils, ne se trouvent obstrués. L'encre préparée d'avance et contenue dans une petite fiole, ne doit pas être trop épaisse ni trop claire. Si le pinceau en fournit trop, il suffit de le tirer en dehors pour le serrer plus fortement dans sa douille conique. Si, au contraire, il cesse de s'alimenter, on le repoussera un peu en dedans du tube, et en soufflant par le haut, on déterminera l'écoulement d'une goutte d'encre, après quoi on le tirera de nouveau en dehors.

La vis et le petit ressort à boudin interposé entre la tête de cette vis et l'épaulement du tube, facilitent le réglement de la hauteur du style, de manière à obtenir des indications nettes et fines.

Appareils divers de Physique Mécanique 2.

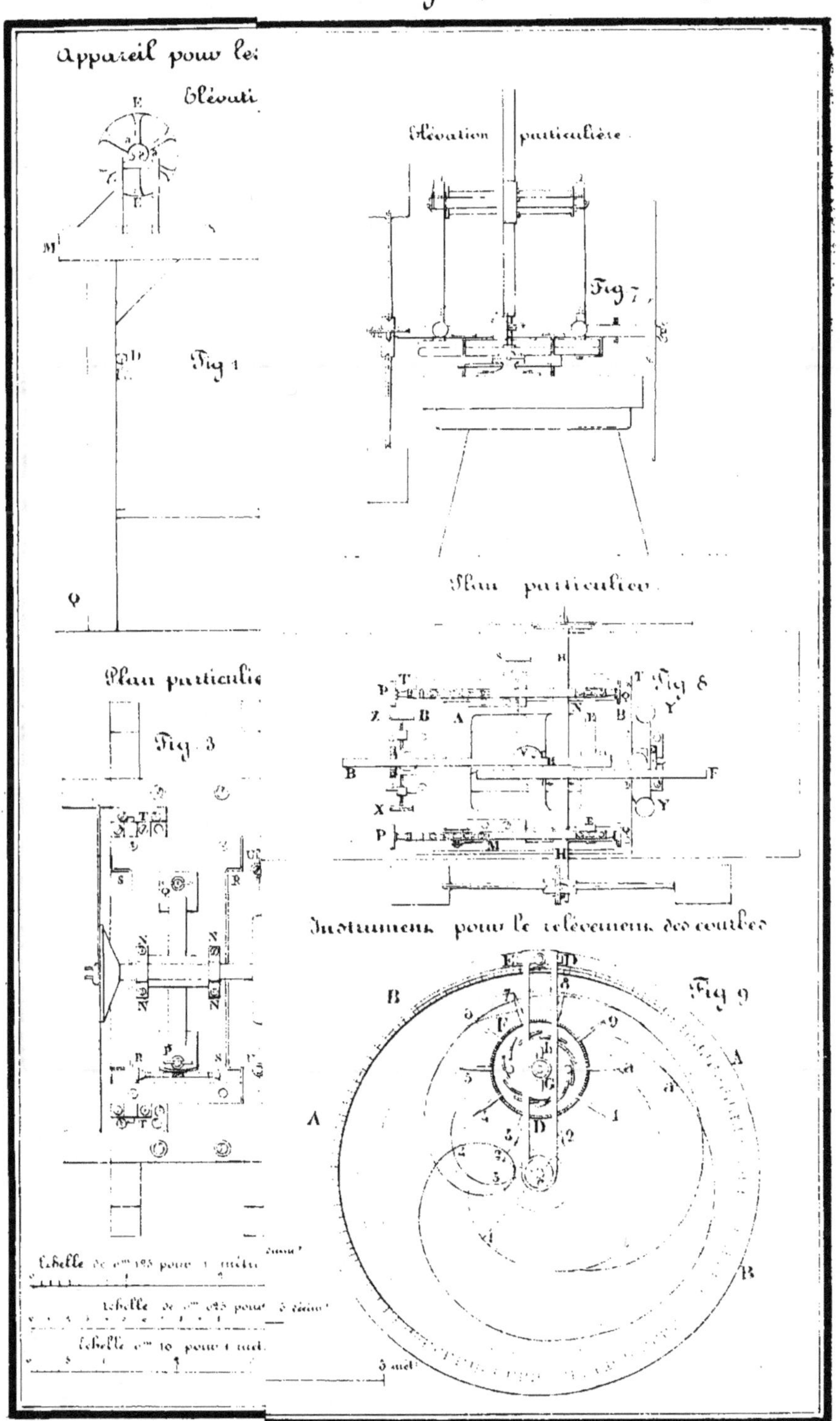

Lith de Dupuy a Metz

Appareils chronométriques à style pour l'observation des lois de mouvement dans les expériences de Physique Mécanique 1.

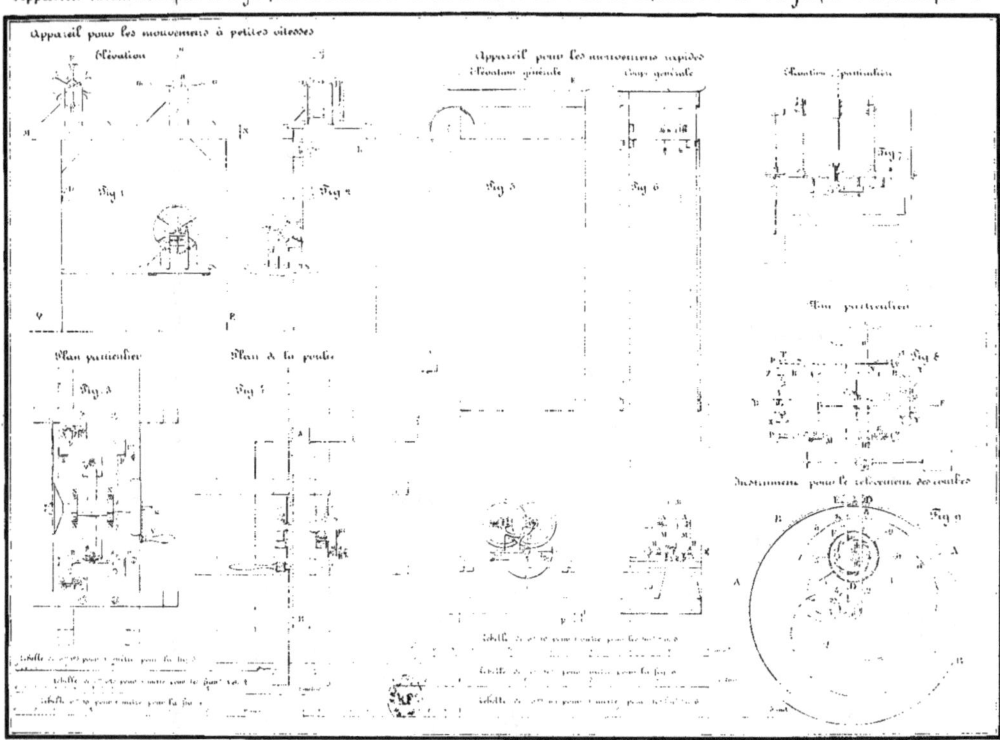

Lith. de Dupuy à Metz

vnai més. PL. I.

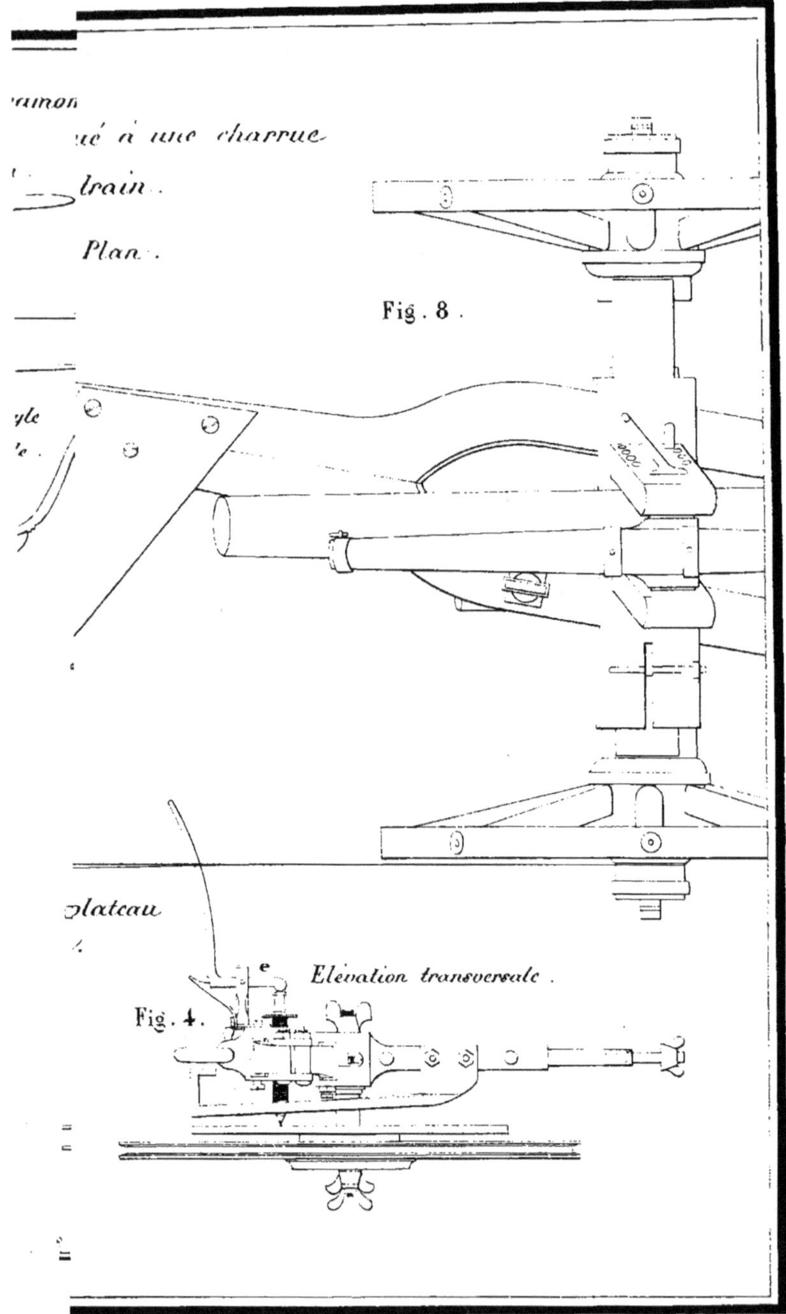

lith.e de Nouvian à Metz.

Appareils dynamométriques propres à mesurer le travail des moteurs animés ou inanimés. PL. I.

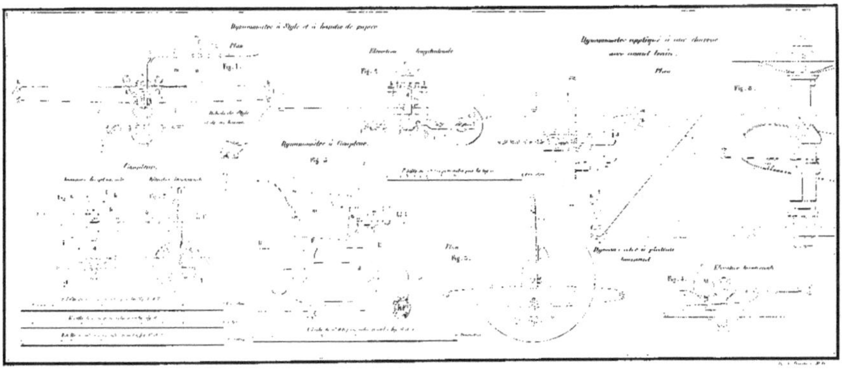

.é PL. II.

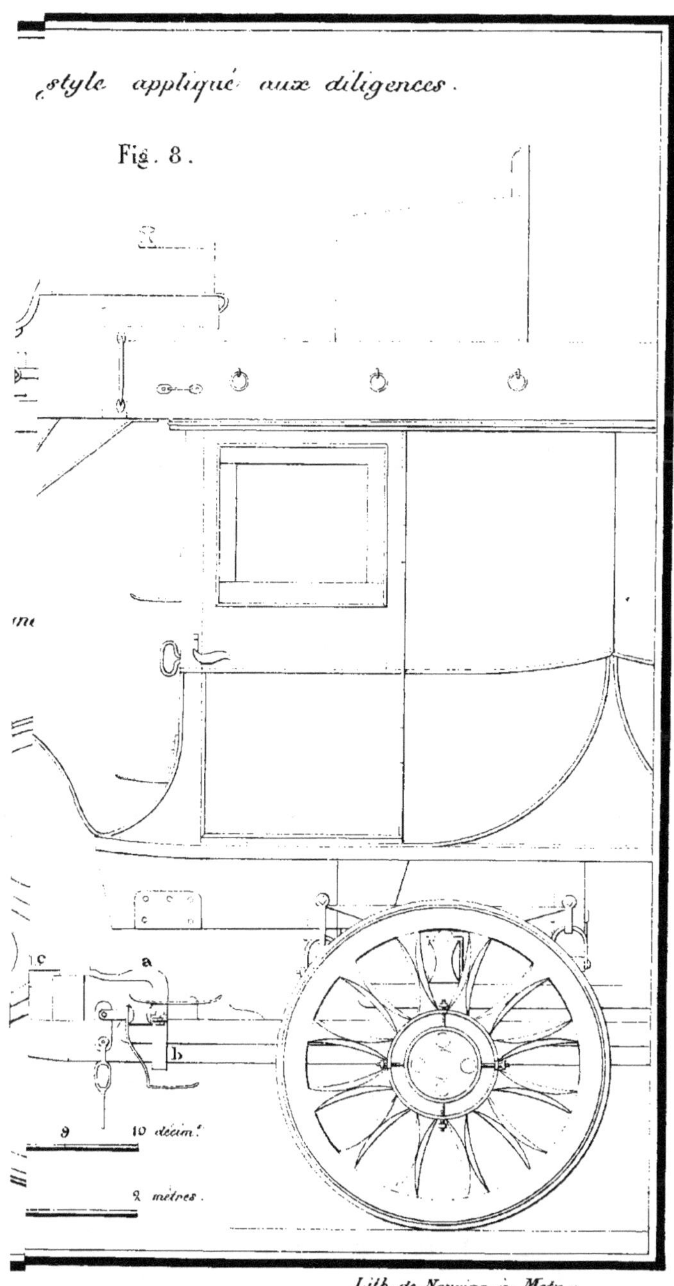

Lith. de Nouvian à Metz.

Appareils dynamométriques propres à mesurer le travail des moteurs animés ou inanimés.

Pl. II.

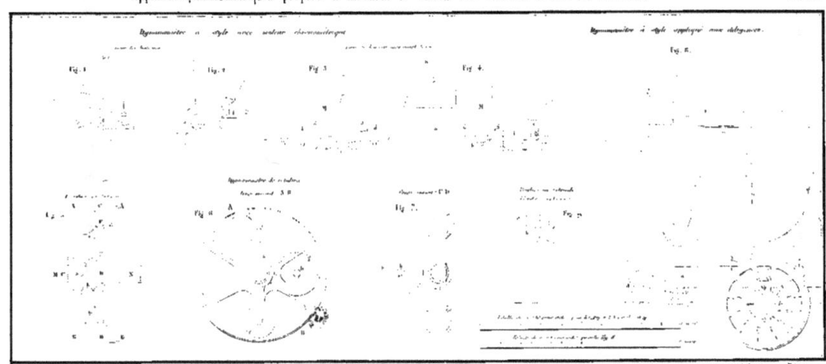

OUVRAGES DU MÊME AUTEUR.

Nouvelles expériences sur le frottement faites à Metz en 1831, imprimées par ordre de l'Académie des sciences; Paris 1832 (Bachelier, libraire), un vol. in-4° avec neuf planches.

Nouvelles expériences sur le frottement faites à Metz en 1832, imprimées par ordre de l'Académie des sciences; Paris, 1833 (Bachelier, libraire), un vol. in-4° avec quatre planches.

Nouvelles expériences sur le frottement faites à Metz en 1833, imprimées par ordre de l'Académie des sciences; Paris, 1835 (Bachelier, libraire), un vol. in-4° avec neuf planches.

Nouvelles expériences sur l'adhérence des pierres et des briques posées en bain de mortier ou scellées en plâtre, sur le frottement des axes de rotation, sur la variation de tension des courroies ou cordes sans fin employées à la transmission du mouvement, et sur le frottement des courroies à la surface des tambours, faites à Metz en 1834. — Metz, 1838 (Carillan-Gœury, libraire à Paris, quai des Augustins).

Expériences sur les roues hydrauliques à aubes planes et sur les roues hydrauliques à augets; Metz, 1836, Mme Thiel (L. Mathias et Carillan-Gœury, libraires à Paris).

Expériences sur les roues hydrauliques à axe vertical appelées turbines.

Aide-mémoire de mécanique pratique à l'usage des officiers d'artillerie et des ingénieurs civils et militaires; deuxième édition, revue et augmentée; un vol. in-8°, 7 fr. — Metz, 1838 (Mme Thiel, libraire).

www.ingramcontent.com/pod-product-compliance
Lightning Source LLC
LaVergne TN
LVHW011955160826
845678LV00002B/554

* 9 7 8 2 3 2 9 6 7 9 1 3 6 *